Schmitz/Gerlach/Meisel

Baukosten 2018

Band 2
Bauen von Ein- und Mehrfamilienhäusern

BAUKOSTEN

Bauen von Ein- und Mehrfamilienhäusern

Arbeitshilfen zur Konstruktionswahl und Planung,
Kostenschätzung und Kostenberechnung

Heinz Schmitz †
Reinhard Gerlach
Ulli Meisel

21. neu bearbeitete Auflage
bearbeitet von
Reinhard Gerlach

Stand: 2017/2018

Verlag für Wirtschaft und Verwaltung Hubert Wingen • Essen

Die in den Baukostenkatalogen angegebenen Werte sind von den Bearbeitern sorgfältig und gewissenhaft ermittelt worden.

Wir müssen aber auf die vielfältigen Kostenflussfaktoren aufmerksam machen.

Deshalb muss jeder angegebene Wert eigenverantwortlich geprüft werden.

Deshalb kann auch der Verlag für die Richtigkeit der Werte keine Haftung übernehmen.

Alfredistraße 32 · 45127 Essen
Tel.: 02 01/ 22 25 41 · Fax: 02 01/ 22 96 60 · E-mail: wingenverlag@t-online.de

ISBN 978-3-8028-0606-3 Art.-Nr. 240 003

Satz: K+K LithoSatz GmbH, Kaninenberghöhe 2, 45136 Essen
Druck: Druckhaus Köthen, Friedrichstraße 11/12, 06366 Köthen (Anhalt)

Preisindex für Gebäude (Neubau in konventioneller Bauart), Wohngebäude, insgesamt nach Angabe des Statistischen Bundesamtes, Wiesbaden (2010 = 100)

Jahr	Monat	Index	Jahr	Monat	Index
2002	I/Feb. II/Mai III/Aug. IV/Nov.	85,8 85,9 85,9 85,8	2011	I/Feb. II/Mai III/Aug. IV/Nov.	101,8 102,5 103,2 103,5
2003	I/Feb. II/Mai III/Aug. IV/Nov.	85,9 85,9 85,9 85,9	2012	I/Feb. II/Mai III/Aug. IV/Nov.	104,6 105,2 105,7 106,0
2004	I/Feb. II/Mai III/Aug. IV/Nov.	86,1 87,1 87,3 87,4	2013	I/Feb. II/Mai III/Aug. IV/Nov.	106,8 107,4 107,8 108,1
2005	I/Feb. II/Mai III/Aug. IV/Nov.	87,8 87,7 87,8 87,9	2014	I/Feb. II/Mai III/Aug. IV/Nov.	108,9 109,2 109,6 109,8
2006	I/Feb. II/Mai III/Aug. IV/Nov.	88,3 88,8 89,9 90,8	2015	I/Feb. II/Mai III/Aug. IV/Nov.	110,6 110,9 111,4 111,6
2007	I/Feb. II/Mai III/Aug. IV/Nov.	94,6 95,2 95,7 96,1	2016	I/Feb. II/Mai III/Aug. IV/Nov.	112,5 113,2 113,7 114,1
2008	I/Feb. II/Mai III/Aug. IV/Nov.	97,1 97,9 98,9 98,8	2017	I/Feb. II/Mai III/Aug. IV/Nov.	115,4 116,4 117,2 118,0
2009	I/Feb. II/Mai III/Aug. IV/Nov.	99,1 98,8 99,0 99,1	2018	I/Feb. II/Mai III/Aug. IV/Nov.	
2010	I/Feb. II/Mai III/Aug. IV/Nov.	99,2 99,9 100,3 100,6	2019	I/Feb. II/Mai III/Aug. IV/Nov	

– www.destatis.de
– www.wingenverlag.de

B	Breite
BK	Bodenklasse
C	Betonfestigkeitsklassen nach DIN EN 206-1 und DIN 1045-2
D	Dicke
DM	Deutsche Mark
EUR	Euro
F	Fläche
GK	Gipskarton
H	Höhe
HBL	Hohlblock
HH	Hartholz
HK	Heizkörper
HOAI	Honorarordnung für Architekten und Ingenieure
KS	Kalksandstein
KW	Kilowatt
L	Länge
m	mit
N+F	Nut und Feder
NE	Nutzeinheit
NFL	Nutzfläche
NW	Nennweite
PS	Polystyrol
PVC	Polyvinylchlorid
Q	Querschnitt
S/G	Strang/Geschoss
T	Tiefe
VOB	Verdingungsordnung für Bauleistungen
WD	Wanddicke
WE	Wohneinheit
WFL	Wohnfläche
WU	Wasserundurchlässig

Methoden der Kostenschätzung und Kostenberechnung

1. Kostenschätzung und Kostenberechnung mit Vergleichswerten

Die genaue Berechnung der Baukosten ist für den am Bau Planenden von großer Bedeutung. Durch die aktuelle Rechtsprechung ist dies noch bedeutsamer geworden. Jedoch fehlt – wie so oft – das nötige Instrumentarium.

Die Anwendung geeigneter Kostenermittlungsmethoden und die Kenntnisse von Richtwerten für die Kostenermittlung sind hier eine unabdingbare Grundlage.

Eine Planung mag noch so gut, die gestalterischen Gesichtspunkte mögen noch so ansprechend gelöst sein – die Finanzierbarkeit setzt immer die Begrenzung für die Realisierung.

Aus diesem Grunde sind:

- möglichst genaue Erfassung der Kosten,
- Kenntnisse der Möglichkeiten ihrer Beeinflussung,
- Abschätzung des entstehenden Nutzens,
- Einschätzung der Folgekosten von Einzelmaßnahmen,

unumgängliche Voraussetzung für den Erfolg jeder Planung.

Die Erfahrung hat gezeigt, dass die Methoden:

- Vergleichswertverfahren nach m²-Wohnflächen (vereinfachte Kostenermittlung)
- und Kostenermittlung nach Bauteilen

jeweils zu einem bestimmten Zeitpunkt am besten geeignet sind.

Allerdings sollten diese Methoden jeweils nur in bestimmten Planungsstadien angewendet werden, weil sich ihre Genauigkeit stark unterscheidet.

Während das Vergleichswertverfahren nach m²-Wohnfläche naturgemäß nur einen Mittelwert bereits durchgeführter Baumaßnahmen wiedergibt und damit Ungenauigkeit von ± 20 bis 30 % aufweist, ist die Bauteil-Methode ein relativ genaues Verfahren.

Hier muss man bei fehlerfreier Anwendung mit Abweichungen von ± 5 bis 10 % rechnen.

Der Bearbeitungsaufwand ist allerdings erheblich größer.

Im Stadium der ersten Planungsüberlegungen, d.h. zum Beispiel für die Leistungen der Vorplanung nach HOAI ist für die Kostenschätzung nach DIN 276 noch das Vergleichswertverfahren nach m²-Wohnfläche als erster Anhaltspunkt möglich. Immer häufiger zeigt sich jedoch, dass auch für diesen frühen Planungsschritt schon eine genauere Methode erforderlich wird, weil der Bauherr/Investor und auch die Rechtsprechung eine möglichst frühzeitige Kostensicherheit zunehmend fordert.

Für eine Kostenvorschätzung bzw. für die Ermittlung eines Kostenrahmens reichen die m²-Werte sicher noch aus.

Dagegen ist die Bauteil-Methode (Bauelemente) geeignet, kurzfristig exakte Angaben in jedem Planungsstadium zu machen, das schon eine Erfassung von groben Massen und Mengen erlaubt und in denen der Baustandard und die Baumaßnahmen festgelegt sind.

Diese Bauteil-Methode entspricht somit den Anforderungen der Leistungsphase 3 der HOAI, d.h. sie bringt bei fehlerfreier Anwendung eine genaue Kostenberechnung nach DIN 276.

1.1 Kostenrichtwerte nach m²-Wohnfläche (WFL)

Von zahlreichen Projekten des kosten- und flächensparenden Wohnhausbaues wurden die Kostenwerte nach m²-Wohnfläche berechnet. Sie dienen als Grundlage der Erstellung einer Kostenvorschätzung, des Kostenrahmens oder auch der Kostenschätzung nach DIN 276.

In den abgedruckten Tabellen (Baukosten 1) sind nicht nur die Kosten von Reihenhäusern, Doppelhäusern, freistehenden Einfamilienhäusern und Geschoss-Wohnungsbauten aufgeführt, sondern auch die statistischen Spannen der von- und bis-Werte. Extreme Projekte wurden dabei unberücksichtigt gelassen. Es handelt sich also auch in der genannten Bandbreite um das „Normalprojekt“. Der in den Tabellen besonders hervorgehobene „Rechenwert“ stellt den üblichen zur Berechnung zu empfehlenden Mittelwert dar.

Ausgehend von mittleren Wohnungsgrößen von ca. 85 m² sind Ab- und Zuschläge auf diesen m²-Richtwert zu machen, wenn es sich um extrem größere oder kleinere Wohnungen handelt.

Eine Faustregel hierfür sagt, dass je 10 m² Wohnfläche mit Kostenabweichungen von 6 % zu rechnen ist.

Eine 40 m² große Wohnung würde dementsprechend gegenüber einer 80 m² großen Wohnung um 4 x 6 % = 24 % teurer sein. Dies muss bei der Anwendung des Richtwertes berücksichtigt werden. Genauso sind besondere Einflüsse des Projektes wie beispielsweise extreme Lage, besonders kleine oder besonders große Projekte, die Schwierigkeit der Bauaufgabe und der Standard zu berücksichtigen.

Der Einfluss der regionalen Preisschwankungen ist zwar in den letzten Jahren stark gesunken; er sollte aber beachtet werden.

1.2 Kostenrichtwerte für Gewerke nach m²-Wohnfläche

Ähnlich wie für das Gesamtgebäude können auch für einzelne Gewerke Kostenrichtwerte aus bereits erstellten Projekten rückgerechnet werden.

Sie geben Bauherren und Planern eine ungefähre Vorstellung von den Größenordnungen der zu erwartenden Kosten.

Auf diese Weise ist im Stadium der vereinfachten Kostenschätzung bereits mit Kostenrichtwerten nach m²-Wohnfläche eine Angabe von grob überschlägig zu erwartenden Kosten bei einzelnen Teilleistungen möglich. Problematisch hierbei ist jedoch, dass es eine Vielzahl von Gewerken gibt, bei denen eine Abhängigkeit zur Wohnfläche nicht besteht. So ist z.B. die gesamte Außenhaut oder der Anteil des Daches, der Fenster sowie der zu erwartenden Zimmerarbeiten unabhängig von der Wohnfläche.

Je nach Art des Projektes – ob das Gebäude mit Keller oder mit ausgebautem Dach ausgeführt wird – werden die Gewerkekosten gleichermaßen in Höhe und Anteil beeinflusst.

Trotz der Einschränkung, dass es sich bei den ausgewerteten Projekten um keine aufwendigen Einfamilienhäuser oder Wohnungen handelt, ergeben sich nach Gewerken elf verschiedene Richtwert-Tabellen. Bei diesen Tabellen sind – wie bei den Tabellen der Gesamt-Bauwerkskosten – Abweichungen von ± 20 bis 30 % allein im einzelnen Gewerk möglich.

Die Richtwerte über die einzelnen Gewerke sind deshalb nicht so sehr für eine Kostenschätzung oder -berechnung, sondern mehr noch als Richtwert bei erfolgter Ausschreibung zur Kontrolle des Angebots-Ergebnisses wichtig.

Vergleicht man einmal die Kosten-Richtwerte je Gewerk, so fällt auf, dass die Gewerke Sanitär, Lüftung, Heizung und Elektroinstallation verhältnismäßig konstant sind.

Verhältnismäßig konstant sind auch noch Kosten für Estrich, Bodenbelag, Fliesen und Malerarbeiten.

Alle anderen Gewerke haben erheblich breitere Schwankungsbereiche. Genauere Berechnungen der Gewerke-Kosten sind nur über eine bauteilmäßige Ermittlung bzw. über eine Berechnung der Mengen mit ortsüblichen Preisen möglich.

2. Kostenschätzung und Kostenberechnung nach der Bauteilmethode

2.1 Einführung

Das kosten- und flächensparende Bauen hat sich innerhalb des Baugeschehens einen eigenständigen Standort verschafft. Die Politik hat dieses Bausegment erkannt und fördert es. Einerseits mobilisiert das Thema breitere Schichten von Bauwilligen. Andererseits ist das kostengünstige Bauen zu einem festen Standbein für viele Unternehmer geworden.

Die Auswirkungen von Planungsentscheidungen zur Reduzierung von Baukosten im Detail sind für die Abwägung von Investitionskosten-/Nutzen-Relationen für jeden Bauherren das zentrale Thema beim Bauen von Einfamilienhäusern.

Auch dem planenden Architekten, Wohnungsunternehmen oder Bauträger müssen die Konsequenzen jeder einzelnen Planungsentscheidung deutlich sein, damit nicht unangemessene Nutzenverluste entstehen.

Die Wertung der Beziehung: Investitionskosten/Nutzen kann von Projekt zu Projekt unterschiedlich sein.

So erscheint zum Beispiel aus regionalen Gepflogenheiten die Planung voll unterkellerter Einfamilienhäuser in Teilen der Bundesrepublik unverzichtbar, in anderen Teilen werden ebenerdige Kellerersatzräume ohne weiteres als akzeptable Alternative zur Unterkellerung angesehen.

Die Kalkulation von Alternativen zur verbindlichen Planungsfestlegung muss differenziert nach Einzelbauteilen erfolgen, – pauschale Kostenberechnungssysteme nach m^3-Rauminhalt oder m^2-Wohnfläche sind hierfür nicht ausreichend.

Genaue Ergebnisse liefert das Ausschreibungsverfahren, das jedoch einen erheblichen Aufwand erfordert und oft zugunsten von Generalunternehmerangeboten nicht angewendet wird.

Es erfordert weiterhin für das Vergleichen von Alternativen eine erhebliche Rechenarbeit, weil für die Erbringung einzelner Bauteilleistungen meist bis zu zehn verschiedene Leistungsverzeichnispositionen erforderlich sind.

Zusätzlich wäre die Auflistung verschiedenster Alternativpositionen für anbietende Unternehmer kaum zumutbar.

Ein vollständiges Bauteil wird z.B. definiert durch:

DIN 276	AK	AA	Bauteil	LB-Nr.	Einheit	Preis
334	31		Feststehende Verglasungen, U-Wert 1,1 in einer Blendrahmen-konstruktion, Isolierverglasung 4 x 12 x 4 mm, dauerelastische Versiegelung und Oberflächenbehandlung, Blendrahmenverglasung ohne Flügelrahmen			
		01	Feststehende Verglasungen, Nadelholz Größe bis 1,0 m^2	901	EUR/m^2	305,00
		02	Feststehende Verglasungen, Nadelholz Größe 1,0-2,0 m^2	901	EUR/m^2	270,00

Durch die Zusammenfassung von Leistungsverzeichnis-Positionen zu Bauteilen werden wesentlich weniger Einzelpositionen für eine relativ genaue Kostenberechnung erforderlich, – damit ist eine zeitsparende Abschätzung der ins Auge gefassten Alternativen zu einem relativ frühen Planungszeitpunkt möglich.

Zusätzlich sind durch Nachkalkulation ermittelte Kosten-Durchschnittswerte sofort verfügbar, deren Anpassung an regionale und projektspezifische Besonderheiten erfolgen kann.

Die guten Erfahrungen in der praktischen Anwendung des Bauteil-Kostenberechnungsverfahrens für die Modernisierung und Instandsetzung waren der Anlass, dieses Verfahren auch in Form eines Bauteil-/Bauelementekataloges für das Bauen von Ein- und Mehrfamilienhäusern zu entwickeln.

Ein derartiger Katalog musste durch seine Gliederung und Bauteilauswahl sich auf eine bestimmte Bautypengruppe, – im vorliegenden Fall Einfamilien- und Mehrfamilienhäuser –, beschränken, damit er überschaubar bleibt und die verfügbaren Alternativen für die einzelnen Konstruktionen übersichtlich in Gruppen zusammengefasst werden konnten.

Ein wichtiger Punkt bei der Beschreibung der Einzelbauteile und ihrer Zuordnung zu übergeordneten Gruppen ist, dass durch die Abgrenzung der Bauteile untereinander der wesentliche Aspekt der Beurteilung unterschiedlicher Kostenvarianten beim Überlesen des Kataloges deutlich zu erkennen sein soll.

Der Katalog soll schließlich keine reine Aufzählung von konstruktiven Varianten darstellen, sondern das deutliche Herausarbeiten kostenmäßig unterschiedlicher Alternativen ermöglichen, – dies schon beim Vergleichen der Bauteil-Einheitspreise.

Sehr deutlich muss herausgehoben werden, dass der Bauteilkatalog nicht das Verfahren der Ausschreibung nach Gewerken ersetzen, und auch nicht als funktionale Leistungsbeschreibung verwendet werden soll.

Es ist durchaus möglich, dass verschiedene Ausführungsqualitäten noch in einem Bauteil zusammengefasst sind, sofern sie sich kostenmäßig nicht unterscheiden, – dies vereinfacht und beschleunigt die Kostenberechnung.

Die Einsatzmöglichkeiten des Bauteilkataloges liegen damit in der Vorentwurfs- und Entwurfsphase, in der die Alternativen noch frei wählbar sind und gegeneinander abgeschätzt werden sollen.

Sind die Vorstellungen einmal konkretisiert, so erfolgt die Phase der Ausführungs- und Detailplanung und im Anschluss daran die Ausschreibung der Gewerkeleistungen.

Zur Rückkoppelung der Ergebnisse der Gewerkeausschreibungen mit der Bauteilkostenberechnung ist eine Umsortierungsmöglichkeit von Einzelbauteilen nach ihren Haupt-Leistungsanteilen in jedem Bauteil gewerkweise vorgesehen.

Damit ist die Abschätzung näherungsweiser Gewerkesummen möglich und das Ausschreibungsergebnis kontrollierbar.

Basis der Kataloggliederung ist das dreistellige Nummernsystem der DIN 276 „Kosten von Hochbauten“.

Diese dreistelligen Nummern bezeichnen die Kostengruppen (Grobstufe) und sind identisch mit den vom Baukostenberatungsdienst der Architektenkammer Baden-Württemberg verwendeten Bezeichnungen, – zum Beispiel:

320 = „Gründung“.

Eine zusätzliche zweistellige Nummer gibt eine weitere Untergliederung der Kostengruppe an, zum Beispiel:

324.**01** = „Kellersohle als Betonsohle

auch für untergeordnete Nebenräume, aus C 12/15, D = ca. 12 cm,
Abrissbewehrung über den Fundamenten, PE-Folie, ohne Sauberkeitsschicht“.

Auf dieser Gliederungsstufe werden alle Merkmale ausführlich beschrieben, die für die in einer weiteren zweistelligen Untergliederung unter dieser Nummer aufgeführten Bauteilvarianten zutreffen, zum Beispiel: „Kellersohle als Betonsohle“ auch für untergeordnete Nebenräume, aus C 12/15, Dicke ca. 12 cm, Abrissbewehrung über den Fundamenten usw.

In der letzten Gliederungs-Feinstufe sind dann die Bauteil-Varianten jeweils einzeilig beschrieben, und ihnen ist der entsprechende Kostenwert zugeordnet, zum Beispiel:

324.01.**01** = „Betonsohle C 12/15, 10-13 cm Kies, abgeriebene Oberfläche“
.02 = „Betonsohle C 12/15, 10-13 cm Kies, Oberfläche für Estrich“

Für die Kalkulation der Bauteilpreise wurden die Abrechnungen von Projekten verwendet, die in Form von Leistungsverzeichnispositionen vorlagen.

Diese Nachkalkulation erfolgte jeweils für verschiedene KFB-Projekte und die Ergebnisse wurden vergleichend nebeneinandergestellt und gewertet.

Aus dieser vergleichenden Wertung wurde dann die Spanne der „Von-Bis-Preise (Preisspanne)" festgelegt, wobei extreme Abweichungen nach oben oder unten nicht berücksichtigt wurden.

Kalkulationsbeispiel: Bauteil – Neuer Dachstuhl (m^2 Dachfläche = Einheit)

Nr.	Beschreibung	Menge je Leiteinheit	Einheitspreis in EURO	Preisanteil je Leiteinheit
1	Bauholz	0,036 m^3/m^2	324,58	11,69 EUR/m^2
2	Verzimmern, Imprägnieren	2,70 m/m^2	7,83	21,15 EUR/m^2
3	Brettschalung	0,01 m/ m^2	38,95	0,39 EUR/m^2
4	Traufbohlen	0,15 m/ m^2	13,34	2,00 EUR/m^2
5	Mauerauflager	0,04 St/ m^2	19,11	0,76 EUR/m^2
6	Ankerbolzen usw.	0,50 St/ m^2	7,58	3,79 EUR/m^2
7	Rispenband	0,16 m/ m^2	7,88	1,26 EUR/m^2
8	Kleineisenteile	0,20 kg/ m^2	7,89	1,58 EUR/m^2
9	Autokran	0,02 St/ m^2	193,65	3,87 EUR/m^2
10	Tagelohn	0,02 St/ m^2	47,32	0,95 EUR/m^2
Nettosumme				47,44 EUR/m^2
inkl. 19 % Mehrwertsteuer = Bauteilpreis				56,45 EUR/m^2

Der Bauteilkatalog zur Kostenberechnung ist ein Hilfsmittel, das bei fachlich richtiger und sachgerechter Einschätzung der jeweiligen Projektbedingungen und Randeinflüsse für die Höhe der entstehenden Kosten zuverlässige Ergebnisse liefern kann.

Diese fachgerechte Einschätzung ist jedoch unabdingbar, – das heißt, dass ein Bearbeiter in jedem Fall die einzelnen Bauteilpreise bei der Berechnung werten muss.

Überschlägliche Berechnungen können auch unter Verwendung des angebotenen Rechenwertes erfolgen, – insgesamt sind auch prozentuale Zu- und Abschläge möglich –, eine exakte Berechnung muss jedoch Bauteil für Bauteil die Kosteneinflussgrößen abschätzen.

Derartige Einflussfaktoren können sein:
- unterschiedliche Bauform und Bautyp des Gebäudes,
- Erschwernisse bei der Baustelleneinrichtung,
- topographische Besonderheiten wie Hanglagen,
- verschieden große Erstellungsserien,
- regionale Kostenstrukturen, Ballungsräume und Randzonen,
- konjunkturelle Schwankungen,
- Kostenexplosionen durch weltweite Einflüsse (z.B. Stahlpreisanstieg 2004, 2007 und 2010 um große zweistellige Prozentsätze).

Ob und in welcher Höhe sich derartige Einflussgrößen auf die Bauteilpreise auswirken, ob sie pauschal alle Bauteile betreffen oder nur einige besondere Bereiche, – dies muss vom Bearbeiter geprüft werden.

In der Bundesrepublik ist regional eine Schwankung von Baupreisen festzustellen; insgesamt besteht ein Kostengefälle von Süd nach Nord und von West nach Ost. Diese Schwankungen sind in den letzten Jahren deutlich geringer geworden (z.B. durch eine zunehmende räumliche Flexibilität der Unternehmen). Hinzu kommt auch, dass die Statistiken der Länder nur schwer vergleichbar sind, so dass auf eine Darstellung verzichtet wird.

Neben der Gliederung, Definition und Kalkulation der wesentlichen Bauteile werden im Rahmen des Bauteilkataloges aus der Erfahrung und Auswertung einer Vielzahl von realisierten Projekten Hinweise für kostengünstige Konstruktionen und Einsparungshinweise gegeben.

Diese **Hinweise für kostensparende Lösungen** sind jeder Untergruppe der Kostengruppe vorangestellt.

Sie beziehen sich zum Teil direkt auf die aufgelisteten Bauteilpositionen, auf Qualitätsmerkmale und Möglichkeiten der Massenreduzierung und des Weglassens einzelner Bauteile, zum Teil werden auch allgemeine Hinweise für die Planung bezüglich der Bauform und der Gestaltung des Baukörpers gegeben.

Die Gewichtung der einzelnen Hinweise im Hinblick auf ihre Auswirkungen zur Kostenreduzierung und das Abwägen von Auswirkungen auf andere Bauteilgruppen kann anhand der Bauteilkostenberechnung erfolgen.

Mit Sicherheit können nicht alle im Katalog aufgeführten Einsparungsmöglichkeiten bei allen Projekten realisiert werden.

Hier muss die persönliche Abwägung eines angestrebten Nutzens und zur Verfügung stehende Finanzmittel das jeweils günstigste Verhältnis zwischen Baukosten und Bauform und Baukonstruktionen für einen potenziellen Nutzer oder Erwerber erbringen.

Durch den Bauteilkatalog soll jedoch eine kostenbewusste Denk- und Planungsweise angeregt werden.

Wenn in der konkreten Anwendung durch ein ständiges Hinterfragen der Relationen von Kosten und Nutzen für einen Bauherren für jedes auszuführende Bauteil eine Transparenz der Auswirkungen von Planungsentscheidungen erreicht wird, so hat der Katalog sein Ziel erfüllt.

Besonderer Hinweis: In dieser Ausgabe ist der Baustahl mit 1.050,– EUR /t angesetzt.

2.2 Anwendungsmöglichkeiten

- Die ca. 2.200 aufgelisteten Konstruktionen mit jeweils zugehörigen Durchschnitts-Kostenwerten sollen eine Kostenabschätzung von Planungsentscheidungen ermöglichen.
- Die Kostenwerte wurden aus durchgeführten und abgerechneten Projekten ermittelt und auf einen einheitlichen Preisstand hochgerechnet (3. Quartal 2017).
- Die Gliederung des Bauteil-Kataloges verwendet das Nummernsystem der DIN 276 (Dezember 2008) „Kosten von Hochbauten“, das ein im Bauwesen einheitlich angewendetes System darstellt.

- Zu den aufgelisteten Kosten und Konstruktionen werden für jede Bauteil-Gruppe Einsparungshinweise gegeben, wie Kostenreduzierungen zu erreichen sind.
- Der Textaufbau und die Gliederung wurden unter dem Aspekt der EDV-Anwendung erstellt, das heißt, der gesamte Katalog ist einfach in Datenverarbeitungsanlagen zu verwenden.

  Die Daten des Bauteilkatalogs können auch als Excel-Datenblatt u.ä. erworben werden.
- Es werden insgesamt vorrangig kostengünstige Konstruktionen dargestellt, um einen guten Überblick zu erhalten, – aufwendige oder wenig gebräuchliche Varianten wurden wegen der nötigen Straffheit der Gliederung ausgeklammert.
- Mit dem Bauteilkatalog ist die vollständige Berechnung der Baukosten möglich, wobei die Fachkenntnis des Anwenders vorausgesetzt werden muss.

  Durch zusätzliche, den Einzelbauteilen zugeordnete Nummer kann eine Umsortierung nach den Leistungsbereichen des Standardleistungsbuches für das Bauwesen (Gewerken) erfolgen.

  So kann eine Kostenberechnung sowohl nach Bauteilen DIN 276 (Dezember 2008), als auch nach Gewerken erfolgen, – dies ist wichtig für eine Kontrolle späterer Ausschreibungsergebnisse.
- Die Anwendungsmöglichkeiten des Bauteil-Kataloges liegen in der Phase des Vorentwurfes und des Entwurfes, in der die Kostenauswirkungen jeder einzelnen Planungsentscheidung transparent gemacht werden sollen.

Hinweise:

- Alle angegebenen Kostenwerte enthalten die geltende Mehrwertsteuer von 19 % sowie anteilige Kosten der Baustelleneinrichtung, – jedoch keine Baunebenkosten (Architektenhonorare, Gebühren usw.).
- Bei den angegebenen Bauteilpreisen handelt es sich um Durchschnittswerte. Es werden eine Preisspanne („von-bis-Werte") und ein Mittelpreis als gerundete Zahlen angegeben. Kostenangaben mit Cent-Beträgen würden den Anschein einer Genauigkeit erwecken, die im Rahmen von Durchschnittswerten für Bauteilkosten nicht gegeben sein kann. Die Rundung erfolgt gestaffelt nach der Höhe des Bauteilpreises:

0	–	5 EUR	Rundung auf	0,25 EUR
5	–	25 EUR	Rundung auf	0,50 EUR
25	–	100 EUR	Rundung auf	1,00 EUR
100	–	250 EUR	Rundung auf	2,00 EUR
250	–	1.000 EUR	Rundung auf	5,00 EUR
1.000	–	5.000 EUR	Rundung auf	25,00 EUR
über		5.000 EUR	Rundung auf	50,00 EUR

3. Anwendung des Bauteilkostenkataloges

3.1 Einführung

Die Anwendung des Bauteilkataloges zum kosten- und flächensparenden Bauen mit Unterstützung durch eine EDV-Anlage bietet durch die Masse der vorhandenen Daten und ihre unterschiedlichen Kombinations- und Sortiermöglichkeiten erhebliche Vorteile hinsichtlich der Bearbeitungszeit und rationellen Durchführung der Berechnungen.

Vor allem sind die für jede Optimierung erforderlichen Alternativberechnungen auf diese Weise kurzfristig und zuverlässig zu erstellen, – gerade die schnelle Abschätzung verschiedenster Alternativen ist für jeden Auftraggeber interessant.

Ebenso können ohne Weiteres prozentuale Zu- oder Abschläge und Indexfortschreibungen der Kostenwerte durch „Knopfdruck" erledigt werden.

Bei Aufbau von EDV-Programmen bzw. Excel-Tabellen empfiehlt es sich auf jeden Fall, zur übersichtlichen Präsentation und direkten Vergleichbarkeit von alternativ möglichen Varianten ein Druckbild mit mehreren Alternativen nebeneinander aufzubauen.

Auf diese Weise können Bauteilqualitäten, Massenvariationen oder verschiedene, mögliche Konstruktionen direkt nebeneinandergestellt und ihre kostenmäßigen Auswirkungen sofort erfasst werden.

Dies ermöglicht auch ein Verschieben von einzelnen Bauteilen innerhalb von mehreren Maßnahmenvorschlägen, um die abschließende, optimale Lösung zu finden.

Die Umsortierung von der Gliederung nach DIN 276 (Dezember 2008) auf die StLB-Sortierung ist bei der Datenspeicherung in einer EDV-Anlage bzw. in einer Excel-Tabelle kein Problem.

Zusätzlich kann noch über eine freie Kürzelbelegung jede gewünschte Aufaddition von Bauteilen erstellt werden.

Bei dem nachfolgend auszugsweise dargestellten Berechnungsbeispiel für eine Reihenhauseinheit wurden insgesamt ca. 90 Bauteile verwendet, um die Berechnung der Bauwerkskosten vollständig zu erfassen, – dabei sind bereits drei Alternativen berücksichtigt.

In der Addition aller berechneten Bauteile am Ende lassen sich zusammenfassend die Auswirkungen der Alternativen überblicken.

Die Auswertung der Berechnung insgesamt, bezogen auf die absoluten Kosten in EURO, je m^2 Wohnfläche, je m^2 nutzbarer Fläche und je m^3 Rauminhalt zeigt, dass die Wirtschaftlichkeit der Alternativen unter verschiedenen Aspekten bewertet werden kann.

Gerade diese unterschiedlichen Aspekte bei der Beurteilung möglicher Kosteneinsparungen können mit dem Bauteil-Katalog deutlich herausgearbeitet werden.

3.2 Projektdaten

pbs Architekten Gerlach – Wolf – Böhning

Bauteil-Kostenberechnung (DIN 276 Sortierung)

Modellrechnung für ein Kosten-/Flächensparendes Projekt

Stand (Quartal/Jahr): III/2017 **Projektnummer: 1/2017**

Projekt: „Reihenhaustyp als Mittelhaus"

Bauherr: Modellrechnung zur Demonstration der Anwendungsmöglichkeiten des Bauteilkataloges

Projektdaten

Beschreibung	**A** Kellerersatzraum ohne DG-Ausbau	**B** voll unterkellert ohne DG-Ausbau	**C** voll unterkellert mit DG-Ausbau
Bautyp	Reihen-Mittelhaus	Reihen-Mittelhaus	Reihen-Mittelhaus
Baujahr	2017	2017	2017
m^2 Wohnfläche	110,00 m^2	106,00 m^2	139,00 m^2
m^2 Nebenflächen	36,00 m^2	93,00 m^2	57,00 m^2
Zahl der WE	1 WE	1 WE	1 WE
m^3 Gesamt	405,00 m^3	547,00 m^3	632,00 m^3

Erläuterung zu den berechneten Haustypen:

Durch die Berechnung sollen beispielhaft Variationsmöglichkeiten eines bestimmten, entwickelten Reihenhaustyps verdeutlicht werden. Im vorliegenden Fall wird von einem einheitlich vorgegebenen baulichen Ausstattungs-Standard ausgegangen, der bereits nach einer Optimierung festgelegt worden ist.

Die Berechnung zeigt nun auf dieser Basis die Auswirkungen auf von:

a) Kellerersatzraum anstelle Unterkellerung (Spalte A)

b) Unterkellerung, ohne Kellerersatzraum (Spalte B)

c) Unterkellerung, Dachgeschossausbau (Spalte C)

Bei dem gezeigten Beispiel für das Deckblatt einer Kostenberechnung werden die wesentlichen Gebäudedaten für jede der drei nebeneinanderstehenden Alternativen angegeben.

Es wird dabei deutlich, dass für die hier berechneten drei Variationen eines Reihenhaustyps sehr unterschiedliche Verhältnisse zwischen Wohnfläche, Nutzfläche und Rauminhalt auftreten.

Die 3-spaltige Gliederung der Berechnung wird über alle Einzelbauteile beibehalten, so dass in jeder Phase der direkte Vergleich der 3 Alternativen möglich ist.

Im Kopf der Berechnung ist angegeben, dass im vorliegenden Fall die Bauteile nach der DIN 276-Gliederung sortiert sind.

Als Preisstand für die Berechnung ist das III. Quartal 2017 angegeben, – es wäre auch eine Projektion auf eine z.B. in zwei Jahren geplante Durchführung denkbar.

In diesem Fall würde der Preisstand über eine Indexschätzung entsprechend verändert werden.

In allen Bauteilkosten ist die Mehrwertsteuer in Höhe von 19 % enthalten.

3.3 Rechenbeispiel: Auszug – Einzel-Bauteilberechnung

KG	AK	AA	Bauteiltext	Einheit	Kennwert	Menge A Betrag A	Menge B Betrag B	Menge C Betrag C
322			**Fundamente**					
	02	11	Fundamente ausheben, Abfuhr der ausgehobenen Bodenmassen, einschl. Kippgebühren Fundamente ausheben, Maschinenschachtung, Bodenklasse 3-5	m^3	56,00	9 504,00	7 392,00	7 392,00
	13		Fundament in C 20/25, bewehrt nach Angabe der Tragwerksplanung, als Einzel- oder Streifenfundamente, Bewehrung eingerechnet und Schalung soweit erforderlich, mit Sauberkeitsschicht für das Einbringen der Bewehrung	m^3				
		12	Geschalte Fundamente C 20/ 25B 25 bewehrt, ca. 50 x 60 cm		520,00	9 4.680,00	7 3.640,00	7 3.640,00
			Summe 320 Fundamente			5.184,00	4.032,00	4.032,00
324			**Bauwerkssohlen**					
	01		Kellersohle als Betonsohle auch für untergeordnete Nebenräume, aus C 12/15, D = ca. 12 cm, Abrissbewehrung über den Fundamenten, PE-Folie, ohne Sauberkeitsschicht					
		02	Betonsohle C12/15, 10-13 cm Kies, Oberfl. für Estrich	m^2	37,00	12 444,00	68 2.516,00	68 2.516,00
	11		Wohnraumsohle als Betonsohle mit ausreichender Abdichtung für Wohnnutzung, D = ca. 12 cm, Abrissbewehrung über den Fundamenten, PE-Folie, Oberfläche für Estrich	m^2				
		01	Wohnraumsohle, D = ca. 12 cm, C 12/15, Kiespackung Abklebung		64,00	68 4.352,00		
			Summe 320 Bauwerkssohlen			4.796,00	2.516,00	2.516,00

KG	AK	AA	Bauteiltext	Einheit	Kennwert	Menge A Betrag A	Menge B Betrag B	Menge C Betrag C
331	04		**Tragende Außenwände** Kellerwände aus Mauersteinen Hebezeuge und Hilfsgeräte eingerechnet, soweit erforderlich, ebenso Anlegen von Leeröffnungen, ohne Außenbekleidung					
		22	Kellerwände Kalksand-Planelemente, D = 30 cm	m²	90,00		30 2.700,00	30 2.700,00
	22		**Armierte Trogsteine in Mauerwerk** zur Aussteifung und Sicherung von tragenden Außenwänden, einschl. Stahleinlagen und Betonverfüllung H = ca. 25 cm					
		02	armierte Trogsteine für 15,0 cm Wand	m	80,00	13 1.040,00	13 1.040,00	13 1.040,00
			Summe 331 Tragende Außenwände			1.040,00	3.740,00	3.740,00
333			**Außenstützen und Pfeiler**					
	01		Verstärkung Mauerwerk D = 11,5/17,5 cm ohne zusätzliche Punktlasten, bei Unterschreitung des Pfeilermindest-Querschnittes, Ausführung in erhöhter Tragfestigkeit mit 2,5-facher Sicherheit					
		02	Vorlagen B = 17,5 x 24 cm KS-Vollstein 2 DF	m	22,00	3 66,00	3 66,00	3 66,00
			Summe 333 Außenstützen und Pfeiler			66,00	66,00	66,00

Das Rechenbeispiel einer Einzel-Bauteilberechnung zeigt auszugsweise den Aufbau und die Darstellungsform.

Bei Anwendung von EDV werden für die Berechnung nur die Nummern der einzelnen Bauteile und die berechneten Massen für die drei Alternativen eingegeben, – zusätzlich erfolgt eine Modifikation des Bauteildurchschnittspreises, wenn erforderlich:

Bauteil-Nr.	Menge A	Menge B	Menge C
322.02.11	9 m³	7 m³	7 m³

Im Ausdruck stehen jeweils in den drei Spalten für die alternativen Haustypen die berechneten Preise unter den gewählten Massen, – zum Beispiel:

$9\ m^3 \times 56{,}00\ EURO/m^3 = 504{,}00\ EURO$

Damit ist für jedes Bauteil der direkte Vergleich der Kostenauswirkungen von unterschiedlichen Planungsalternativen mit daraus resultierenden Massenveränderungen möglich.

Für die Bauteile einer Kostengruppe – zum Beispiel „322 – Fundamente“ –, werden Zwischensummen aufaddiert, so dass auch für die gesamte Kostengruppe der Vergleich der Auswirkungen von Planungsalternativen erfolgen kann.

Für die gesamte Berechnung wird dann am Ende eine Addition der Kostengruppen durchgeführt, die noch einmal nach übergeordneten Gesichtspunkten zusammengefasst werden, zum Beispiel:

310, 320 Baugrube, Gründung
330, 340 Außenwände, Innenwände
350, 360 Decken, Dächer
400 Technische Anlagen

Die berechneten Baukosten, – im vorliegenden Beispiel Bauwerkskosten –, werden dann abschließend auf die im Deckblatt angegebenen Projektdaten umgerechnet wie:

- m^2 Wohnfläche
- m^2 Nutzfläche
- m^3 Rauminhalt.

Es zeigt sich im Berechnungsbeispiel, dass diese Kostenwerte je Bezugseinheit sehr unterschiedliche Wertungen erlauben.

3.4 Kostengruppen-Zusammenfassung

KG		Kellerersatzraum ohne DG-Ausbau		voll unterkellert ohne DG-Ausbau		voll unterkellert mit DG-Ausbau	
300, 400	**Baukonstruktion, Technische Anlagen**						
310, 320	Baugrube, Gründung	10.560,00	6,98%	12.727,00	7,67%	13.518,00	7,39%
330, 340	Außenwände, Innenwände	51.634,00	34,14%	60.671,00	36,56%	63.900,00	34,93%
350, 360	Decken, Dächer	55.134,00	36,46%	58.409,00	35,20%	66.142,00	36,67%
400	Technische Anlagen	33.892,00	22,41%	34.119,00	20,56%	38.454,00	21,02%
	Summe Bauwerk	151.220,00	100,00%	165.926,00	100,00%	182.014,00	100,00%
	Gesamtkosten	151.220,00	100,00%	165.926,00	100,00%	182.014,00	100,00%
Kosten je m^2 Wohnfläche		1.374,78 EURO/m^2		1.565,41 EURO/m^2		1.316,23 EURO/m^2	
Kosten je m^3 Rauminhalt		373,40 EURO/m^3		303,35 EURO/m^3		289,49 EURO/m^3	

Die Berechnung mit einer Sortierung der Bauteile nach DIN 276-Gliederung ist der Normalfall für die Abschätzung von Planungsalternativen, weil gedanklich eine Planung am besten Bauteil für Bauteil zu bewerten ist.

Steht nun das Ergebnis der Berechnung fest, so stellt sich die Frage nach näherungsweisen Gewerkesummen zur Kontrolle von Ausschreibungsergebnissen.

Diese näherungsweisen Gewerkesummen können einfach bestimmt werden durch Umsortierung der Bauteile nach den Leistungsbereichsnummern, die hinter jedem Einzelbauteil angegeben sind.

Diese Umsortierung liefert dann die Einzelansätze in neuer Zusammenstellung, die am Ende der Berechnung als Aufstellung der Leistungsbereiche ausgewiesen wird.

Gerade hier bietet der Einsatz von EDV natürlich erhebliche Vorteile, weil in kürzester Zeit die Umgliederung der Berechnung durchzuführen ist.

3.5 Umsortierung nach Leistungsbereichen

LB-Nr.	Leistungsbereich	Mittelhäuser		
		Kellerersatzraum ohne DG-Ausbau EUR	Voll unterkellert ohne DG-Ausbau EUR	Voll unterkellert mit DG-Ausbau EUR
002	Erdarbeiten	801,00	4.308,00	4.308,00
010	Dränarbeiten	0,00	590,00	590,00
012	Mauerarbeiten inkl. Gerüste	30.972,00	35.610,00	35.610,00
013	Beton-/Stahlbetonarbeiten	22.335,00	26.251,00	26.251,00
014	Naturwerksteinarbeiten	577,00	577,00	577,00
016	Zimmer-/Holzbauarbeiten	7.623,00	6.646,00	6.646,00
019	Abdichtung gegen nicht drückendes Wasser	0,00	1.523,00	1.523,00
020	Dachdeckungsarbeiten	6.584,00	6.224,00	6.224,00
022	Klempnerarbeiten	1.635,00	1.077,00	1.635,00
023	Putz-/Stuckarbeiten	3.075,00	3.092,00	4.868,00
024	Fliesen-/Plattenarbeiten	4.136,00	4.136,00	6.312,00
025	Estricharbeiten	4.276,00	3.972,00	3.972,00
027	Tischlerarbeiten	775,00	775,00	775,00
031	Metallbau-/Schlosserarbeiten	537,00	271,00	271,00
036	Bodenbelagsarbeiten	3.430,00	3.430,00	4.498,00
037	Tapezierarbeiten/Maler	3.780,00	3.756,00	5.100,00
039	Trockenbauarbeiten	4.825,00	4.825,00	5.988,00
040	Heizungsarbeiten	11.876,00	11.876,00	12.951,00
042	Gas-/Wasserinstallation	10.256,00	10.256,00	12.229,00
044	Abwasserinstallationen	2.370,00	2.911,00	2.911,00
045	Gas-/Wasser-Sonderbauteile	0,00	420,00	420,00
052	Mittelspannungsanlagen	8.451,00	8.257,00	9.545,00
053	Niederspannungsanlagen	196,00	196,00	196,00
065	Empfangsanlagen	199,00	199,00	199,00
901	Fertig-Fenster	7.068,00	7.068,00	8.182,00
902	Fertig-Türelemente	4.359,00	4.820,00	4.820,00
905	Außenwandbekleidung	7.838,00	7.817,00	7.817,00
911	Stahl-Holz Treppe	3.246,00	5.079,00	7.596,00
	Gesamtkosten	151.220,00	165.926,00	182.014,00

Bauwerkskosten lt. DIN 276 (Kostengruppen 300 + 400) einschl. 19 % Mehrwertsteuer

Objektart			mit Keller EUR/m² WFL		ohne Keller EUR/m² WFL	
Reihenhäuser	- ohne DG-Ausbau	von - bis	1.367,00	1.840,00	1.283,00	1.730,00
		Rechenwert	**1.555,00**		**1.454,00**	
	- mit DG-Ausbau	von - bis	1.224,00	1.598,00	1.135,00	1.570,00
		Rechenwert	**1.338,00**		**1.247,00**	
Doppelhäuser	- ohne DG-Ausbau	von - bis	1.501,00	1.978,00	1.387,00	1.848,00
		Rechenwert	**1.701,00**		**1.567,00**	
	- mit DG-Ausbau	von - bis	1.340,00	1.827,00	1.231,00	1.769,00
		Rechenwert	**1.501,00**		**1.368,00**	

Objektart		ohne Dachgeschoss-ausbau		mit Dachgeschoss-ausbau und Dusche	
Freistehendes Einfamilienhaus mit Keller	von - bis	1.701,00	2.556,00	1.487,00	2.396,00
	Rechenwert	**1.966,00**		**1.766,00**	

Objektart			
Geschosswohnungsbau, ohne Tiefgaragen, 2-geschossig	von - bis	1.485,00	1.894,00
	Rechenwert	**1.610,00**	
3-4-geschossig	von - bis	1.392,00	1.825,00
	Rechenwert	**1.537,00**	
5-6-geschossig	von - bis	1.474,00	1.950,00
	Rechenwert	**1.593,00**	

Reihenhäuser (Mittelhäuser) mit Keller

Kosten der Gewerke je m² WFL lt. DIN 276 (Kostengruppe 300 + 400) einschl. 19 % Mehrwertsteuer

Gewerk	Ausführung	ohne Dachgeschoss-ausbau EUR/m² WFL		mit Dachgeschoss-ausbau und Dusche EUR/m² WFL	
1. Erd-Mauer-Beton-Gerüst	von - bis	536,00	650,00	459,00	533,00
	Rechenwert	**592,00**		**483,00**	
2. Putz/Trockenbau	von - bis	97,00	127,00	92,00	124,00
	Rechenwert	**108,00**		**100,00**	
3. Zimmerer	von - bis	84,00	115,00	63,00	88,00
	Rechenwert	**93,00**		**72,00**	
4. Dachdecker/Klempner	von - bis	52,00	74,00	45,00	63,00
	Rechenwert	**64,00**		**49,00**	
5. Fassadensystem (z.B. WDVS oder Verklinkerung)	von - bis	65,00	126,00	52,00	90,00
	Rechenwert	**79,00**		**61,00**	
6. Sanitär	von - bis	69,00	101,00	88,00	124,00
	Rechenwert	**77,00**		**99,00**	
7. Heizung/Lüftung	von - bis	96,00	123,00	83,00	103,00
	Rechenwert	**106,00**		**91,00**	
8. Elektro	von - bis	55,00	78,00	51,00	73,00
	Rechenwert	**66,00**		**59,00**	
9. Fenster (inkl. Glas + Roll.)	von - bis	58,00	83,00	52,00	72,00
	Rechenwert	**70,00**		**59,00**	
10. Schreiner	von - bis	41,00	60,00	35,00	52,00
	Rechenwert	**50,00**		**42,00**	
11. Estrich	von - bis	33,00	50,00	28,00	37,00
	Rechenwert	**38,00**		**32,00**	
12. Bodenbeläge	von - bis	27,00	39,00	23,00	34,00
	Rechenwert	**31,00**		**27,00**	
13. Fliesen	von - bis	24,00	41,00	31,00	43,00
	Rechenwert	**31,00**		**37,00**	
14. Maler	von - bis	38,00	57,00	39,00	52,00
	Rechenwert	**46,00**		**44,00**	
15. Treppenanlage/Schlosser	von - bis	65,00	82,00	55,00	71,00
	Rechenwert	**75,00**		**60,00**	
16. Sonstiges	von - bis	11,00	18,00	12,00	18,00
	Rechenwert	**18,00**		**15,00**	
Summe	von - bis	1.367,00	1.840,00	1.222,00	1.598,00
	Rechenwert	**1.555,00**		**1.338,00**	

Reihenhäuser (Mittelhäuser) ohne Keller

Kosten der Gewerke je m² WFL lt. DIN 276 (Kostengruppe 300 + 400) einschl. 19 % Mehrwertsteuer

Gewerk	Ausführung	ohne Dachgeschoss-ausbau EUR/m² WFL		mit Dachgeschoss-ausbau und Dusche EUR/m² WFL	
1. Erd-Mauer-Beton-Gerüst	von - bis	468,00	581,00	368,00	494,00
	Rechenwert	**519,00**		**405,00**	
2. Putz/Trockenbau	von - bis	97,00	127,00	95,00	124,00
	Rechenwert	**110,00**		**100,00**	
3. Zimmerer	von - bis	85,00	108,00	65,00	88,00
	Rechenwert	**93,00**		**72,00**	
4. Dachdecker/Klempner	von - bis	52,00	74,00	45,00	63,00
	Rechenwert	**64,00**		**49,00**	
5. Fassadensystem (z.B. WDVS oder Verklinkerung)	von - bis	70,00	126,00	55,00	90,00
	Rechenwert	**82,00**		**61,00**	
6. Sanitär	von - bis	69,00	90,00	91,00	129,00
	Rechenwert	**77,00**		**99,00**	
7. Heizung/Lüftung	von - bis	63,00	123,00	85,00	110,00
	Rechenwert	**106,00**		**90,00**	
8. Elektro	von - bis	55,00	78,00	52,00	73,00
	Rechenwert	**61,00**		**59,00**	
9. Fenster (inkl. Glas + Roll.)	von - bis	61,00	82,00	54,00	72,00
	Rechenwert	**70,00**		**59,00**	
10. Schreiner	von - bis	38,00	55,00	36,00	57,00
	Rechenwert	**46,00**		**42,00**	
11. Estrich	von - bis	31,00	45,00	25,00	37,00
	Rechenwert	**36,00**		**30,00**	
12. Bodenbeläge	von - bis	27,00	39,00	23,00	35,00
	Rechenwert	**31,00**		**27,00**	
13. Fliesen	von - bis	24,00	41,00	31,00	46,00
	Rechenwert	**31,00**		**37,00**	
14. Maler	von - bis	38,00	57,00	39,00	56,00
	Rechenwert	**46,00**		**44,00**	
15. Treppenanlage/Schlosser	von - bis	45,00	65,00	43,00	61,00
	Rechenwert	**54,00**		**49,00**	
16. Sonstiges	von - bis	14,00	23,00	15,00	23,00
	Rechenwert	**21,00**		**18,00**	
Summe	von - bis	1.283,00	1.730,00	1.138,00	1.575,00
	Rechenwert	**1.454,00**		**1.247,00**	

Doppelhäuser mit Keller

Kosten der Gewerke je m² WFL lt. DIN 276 (Kostengruppe 300 + 400) einschl. 19 % Mehrwertsteuer

Gewerk	Ausführung	ohne Dachgeschoss-ausbau EUR/m² WFL		mit Dachgeschoss-ausbau und Dusche EUR/m² WFL	
1. Erd-Mauer-Beton-Gerüst	von - bis	555,00	691,00	476,00	600,00
	Rechenwert	**615,00**		**521,00**	
2. Putz/Trockenbau	von - bis	93,00	124,00	90,00	124,00
	Rechenwert	**108,00**		**100,00**	
3. Zimmerer	von - bis	88,00	115,00	69,00	97,00
	Rechenwert	**100,00**		**79,00**	
4. Dachdecker/Klempner	von - bis	65,00	91,00	50,00	86,00
	Rechenwert	**77,00**		**62,00**	
5. Fassadensystem (z.B. WDVS oder Verklinkerung)	von - bis	139,00	182,00	126,00	174,00
	Rechenwert	**157,00**		**140,00**	
6. Sanitär	von - bis	64,00	92,00	88,00	117,00
	Rechenwert	**77,00**		**99,00**	
7. Heizung/Lüftung	von - bis	100,00	126,00	83,00	116,00
	Rechenwert	**112,00**		**97,00**	
8. Elektro	von - bis	56,00	81,00	50,00	68,00
	Rechenwert	**66,00**		**59,00**	
9. Fenster (inkl. Glas + Roll.)	von - bis	73,00	102,00	64,00	90,00
	Rechenwert	**84,00**		**74,00**	
10. Schreiner	von - bis	43,00	65,00	36,00	57,00
	Rechenwert	**50,00**		**42,00**	
11. Estrich	von - bis	33,00	45,00	29,00	41,00
	Rechenwert	**38,00**		**32,00**	
12. Bodenbeläge	von - bis	27,00	38,00	23,00	34,00
	Rechenwert	**31,00**		**27,00**	
13. Fliesen	von - bis	27,00	38,00	33,00	46,00
	Rechenwert	**31,00**		**38,00**	
14. Maler	von - bis	42,00	61,00	39,00	60,00
	Rechenwert	**51,00**		**46,00**	
15. Treppenanlage/Schlosser	von - bis	65,00	90,00	54,00	82,00
	Rechenwert	**75,00**		**60,00**	
16. Sonstiges	von - bis	15,00	23,00	15,00	23,00
	Rechenwert	**18,00**		**18,00**	
Summe	von - bis	555,00	1.978,00	1.340,00	1.827,00
	Rechenwert	**1.701,00**		**1.501,00**	

Doppelhäuser ohne Keller

Kosten der Gewerke je m² WFL lt. DIN 276 (Kostengruppe 300 + 400) einschl. 19 % Mehrwertsteuer

Gewerk	Ausführung	ohne Dachgeschoss-ausbau EUR/m² WFL		mit Dachgeschoss-ausbau und Dusche EUR/m² WFL	
1. Erd-Mauer-Beton-Gerüst	von - bis	477,00	590,00	368,00	549,00
	Rechenwert	**519,00**		**405,00**	
2. Putz/Trockenbau	von - bis	93,00	124,00	92,00	124,00
	Rechenwert	**108,00**		**100,00**	
3. Zimmerer	von - bis	88,00	115,00	65,00	97,00
	Rechenwert	**100,00**		**74,00**	
4. Dachdecker/Klempner	von - bis	65,00	91,00	52,00	86,00
	Rechenwert	**77,00**		**63,00**	
5. Fassadensystem (z.B. WDVS oder Verklinkerung)	von - bis	139,00	181,00	128,00	174,00
	Rechenwert	**157,00**		**141,00**	
6. Sanitär	von - bis	64,00	92,00	88,00	117,00
	Rechenwert	**76,00**		**99,00**	
7. Heizung/Lüftung	von - bis	100,00	128,00	81,00	116,00
	Rechenwert	**111,00**		**90,00**	
8. Elektro	von - bis	56,00	81,00	50,00	68,00
	Rechenwert	**65,00**		**59,00**	
9. Fenster (inkl. Glas + Roll.)	von - bis	73,00	102,00	69,00	90,00
	Rechenwert	**84,00**		**72,00**	
10. Schreiner	von - bis	39,00	63,00	38,00	57,00
	Rechenwert	**46,00**		**45,00**	
11. Estrich	von - bis	31,00	43,00	29,00	41,00
	Rechenwert	**36,00**		**31,00**	
12. Bodenbeläge	von - bis	27,00	38,00	23,00	34,00
	Rechenwert	**31,00**		**27,00**	
13. Fliesen	von - bis	27,00	38,00	33,00	46,00
	Rechenwert	**34,00**		**38,00**	
14. Maler	von - bis	41,00	57,00	41,00	59,00
	Rechenwert	**47,00**		**45,00**	
15. Treppenanlage/Schlosser	von - bis	48,00	64,00	43,00	72,00
	Rechenwert	**54,00**		**49,00**	
16. Sonstiges	von - bis	15,00	23,00	15,00	24,00
	Rechenwert	**18,00**		**19,00**	
Summe	von - bis	1.398,00	1.848,00	1.231,00	1.769,00
	Rechenwert	**1.567,00**		**1.368,00**	

Freistehende Einfamilienhäuser mit Keller

Kosten der Gewerke je m² WFL lt. DIN 276 (Kostengruppe 300 + 400) einschl. 19 % Mehrwertsteuer

Gewerk	Ausführung	ohne Dachgeschoss-ausbau EUR/m² WFL		mit Dachgeschoss-ausbau und Dusche EUR/m² WFL	
1. Erd-Mauer-Beton-Gerüst	von - bis	525,00	784,00	477,00	723,00
	Rechenwert	**628,00**		**543,00**	
2. Putz/Trockenbau	von - bis	142,00	184,00	142,00	213,00
	Rechenwert	**162,00**		**181,00**	
3. Zimmerer	von - bis	104,00	139,00	86,00	120,00
	Rechenwert	**120,00**		**103,00**	
4. Dachdecker/Klempner	von - bis	88,00	113,00	69,00	106,00
	Rechenwert	**102,00**		**89,00**	
5. Fassadensystem (z.B. WDVS oder Verklinkerung)	von - bis	199,00	332,00	169,00	279,00
	Rechenwert	**219,00**		**187,00**	
6. Sanitär	von - bis	92,00	136,00	79,00	124,00
	Rechenwert	**113,00**		**108,00**	
7. Heizung/Lüftung	von - bis	110,00	141,00	88,00	128,00
	Rechenwert	**125,00**		**108,00**	
8. Elektro	von - bis	61,00	91,00	52,00	81,00
	Rechenwert	**73,00**		**62,00**	
9. Fenster (inkl. Glas + Roll.)	von - bis	85,00	115,00	72,00	108,00
	Rechenwert	**96,00**		**84,00**	
10. Schreiner	von - bis	50,00	91,00	41,00	84,00
	Rechenwert	**58,00**		**50,00**	
11. Estrich	von - bis	37,00	54,00	36,00	51,00
	Rechenwert	**43,00**		**42,00**	
12. Bodenbeläge	von - bis	34,00	54,00	30,00	54,00
	Rechenwert	**42,00**		**39,00**	
13. Fliesen	von - bis	36,00	119,00	36,00	119,00
	Rechenwert	**45,00**		**45,00**	
14. Maler	von - bis	48,00	73,00	43,00	71,00
	Rechenwert	**55,00**		**50,00**	
15. Treppenanlage/Schlosser	von - bis	58,00	90,00	41,00	74,00
	Rechenwert	**68,00**		**52,00**	
16. Sonstiges	von - bis	15,00	30,00	11,00	30,00
	Rechenwert	**17,00**		**16,00**	
Summe	von - bis	1.701,00	2.556,00	1.487,00	2.396,00
	Rechenwert	**1.966,00**		**1.766,00**	

Geschosswohnungsbau (3 bis 4 Geschosse)

Kosten der Gewerke je m² WFL lt. DIN 276 (Kostengruppe 300 + 400) einschl. 19% Mehrwertsteuer

Ausführung	Gewerk	EUR/m² WFL	
1. Erd-Mauer-Beton-Gerüst	von - bis	555,00	682,00
	Rechenwert	**591,00**	
2. Putz/Trockenbau	von - bis	88,00	127,00
	Rechenwert	**104,00**	
3. Zimmerer	von - bis	47,00	65,00
	Rechenwert	**54,00**	
4. Dachdecker/Klempner	von - bis	49,00	77,00
	Rechenwert	**57,00**	
5. Fassadensystem	von - bis	104,00	132,00
	Rechenwert	**111,00**	
6. Sanitär	von - bis	86,00	102,00
	Rechenwert	**95,00**	
7. Heizung/Lüftung	von - bis	82,00	101,00
	Rechenwert	**91,00**	
8. Elektro	von - bis	64,00	91,00
	Rechenwert	**73,00**	
9. Fenster (inkl. Glas + Roll.)	von - bis	86,00	108,00
	Rechenwert	**98,00**	
10. Schreiner	von - bis	37,00	56,00
	Rechenwert	**45,00**	
11. Estrich	von - bis	25,00	35,00
	Rechenwert	**31,00**	
12. Bodenbeläge	von - bis	28,00	38,00
	Rechenwert	**34,00**	
13. Fliesen/Kunststein	von - bis	49,00	65,00
	Rechenwert	**59,00**	
14. Maler	von - bis	33,00	51,00
	Rechenwert	**39,00**	
15. Schlosser	von - bis	31,00	41,00
	Rechenwert	**36,00**	
16. Sonstiges	von - bis	11,00	35,00
	Rechenwert	**15,00**	
Summe	von - bis	1.392,00	1.825,00
	Rechenwert	**1.538,00**	

Der vorliegende Bauteilkosten-Katalog ist entsprechend der DIN 276 (Dezember 2008) gegliedert.

100 BAUGRUNDSTÜCK

110 Grundstückswert

01 Verkehrswert des Grundstückes

120 Grundstücksnebenkosten

01 Gebühren, Steuern, Provisionen

130 Freimachen

01 Abfindungen/Ablösungen

200 HERRICHTEN UND ERSCHLIESSEN

210 Herrichten

01 Bauliche Maßnahmen als Voraussetzung einer Neubebauung

220 Öffentliche Erschließung

01 Beiträge und Abgaben

230 Nichtöffentliche Erschließung

01 Anlagen-/Anschlusskosten

240 Ausgleichsabgaben

01 Andere einmalige Abgaben

300 BAUWERK-BAUKONSTRUKTION

310 Baugrube

311 Baugrubenherstellung

01 Boden ausheben und lagern
02 Boden ausheben und abfahren
03 Boden planieren, D = 20-30 cm
04 Hinterfüllungen

320 Gründung

322 Flachgründungen

01 Fundamente ausheben, Lagerung
02 Fundamente ausheben, Abfuhr
11 Fundamente in C 8/10, unbewehrt
12 Fundamente in C 12/15, unbewehrt
13 Fundamente in C 20/25, bewehrt

324 Unterböden und Bodenplatten

01 Kellersohle als Betonsohle in C 12/15
02 Kellersohle als bewehrte Platte in C 20/25
03 Kellersohle Sperrbeton, bewehrte Platte in C 20/25
11 Wohnraumsohle als Betonsohle
12 Wohnraumsohle als bewehrte Platte in C 20/25

330 Außenwände

331 Tragende Außenwände

01 Kellerwände aus Ortbeton C 20/25
02 Kellerwände, Stahlbetonfertigteile
03 Beton-Kellerwände
04 Kellerwände aus Mauersteinen
11 Einschal. Außenwände über Erdreich, D = 30,0 cm
12 Einschal. Außenwände über Erdreich, D = 36,5 cm
13 Einschal. Außenwände über Erdreich, D = 49,0 cm
14 Tragende Außenwand, D = 11,5 cm
15 Tragende Außenwand, D = 15,0 cm
16 Tragende Außenwand, D = 17,5 cm
17 Tragende Außenwand, D = 24,0 cm
21 Beton-Ringbalken
22 Armierte Trogsteine in Mauerwerk

332 Nichttragende Außenwände

01 Vormauerungen als Verblendung
11 Hintermauerungen, D = 11,5 cm
12 Hintermauerungen, D = 15,0 cm
13 Hintermauerungen, D = 17,5 cm
21 Holzrahmenverbundelemente D = 30 cm, WD = 20 cm
22 Holzrahmenverbundelemente D = 35 cm, WD = 25 cm

333 Außenstützen

01 Verstärkung Mauerwerk
11 Beton-Außenstützen
12 Stahl-Außenstützen

334 Außenfenster und Außentüren

01 Nadelholzfenster, U-Wert = 1,3
02 Nadelholzfenster, U-Wert = 0,8
11 Edelholzfenster, U-Wert = 1,3
12 Edelholzfenster, U-Wert = 0,8
13 Edelholzschallschutzfenster, U-Wert = 1,3
14 Edelholzschallschutzfenster, U-Wert = 0,8
21 Kunststoff-Fenster, U-Wert = 1,1

22 Kunststoff-Fenster, U-Wert = 0,7
23 Kunststoffschallschutzfenster, U-Wert = 1,1
24 Kunststoffschallschutzfenster, U-Wert = 0,7
31 Feststehende Verglasungen, U-Wert = 1,1
32 Feststehende Verglasungen, U-Wert = 0,7
33 Bögen als Sonderbauteile, U-Wert = 1,1
34 Bögen als Sonderbauteile, U-Wert = 0,7
41 Sprossen als Sonderbauteile
42 Außenfensterbänke
43 Innenfensterbänke
44 Kellerfenster
51 Fenstertüren mit Isolierverglasung
52 Fenstertüren mit 3-fach Isolierverglasung
53 Schallschutz-Fenstertüren, U-Wert = 1,3; 1,1
54 Schallschutz-Fenstertüren, U-Wert = 0,8; 0,7
55 Schiebetüranlagen, U-Wert = 1,3; 1,1
56 Schiebetüranlagen, U-Wert = 0,8; 0,7
61 Hauseingangstüren, U-Wert = 1,3; 1,1
62 Hauseingangstüren, U-Wert = 0,8; 0,7
63 Hauseingangstüranlagen
64 Keller-Außentüren
71 Garagentore

335 Außenwandbekleidungen, außen

01 Kellerabdichtung, außen
02 Zusatzmaßnahmen Kellerdichtung
03 Drainagen
11 Sichtverfugung von Mauerwerk
12 Außenputz
13 Wärmeverbundsysteme
14 Außenanstriche, Beschichtungen
21 Holzbekleidungen, außen
22 Faserzementplatten-Bekleidungen
23 Metallbekleidungen
24 Außenwand-Wärmedämmschichten

336 Außenwandbekleidungen, innen

01 Innen-Wandfertigputz
02 Gipskarton-Wandbekleidungen
03 Innen-Kunststoffbeschichtungen
11 Innen-Wandanstriche
12 Tapeten auf Wänden
21 Wandfliesen
31 Holzwandbekleidungen, innen
41 Dämmfüllungen, Innenwandbekleidung

337 Außenwände, elementierte

01 Holzfachwerk-Fassadenelemente, 10 x 22 cm, 20 cm Mineralfasermatten
02 Holzfachwerk-Fassadenelemente, 10 x 28 cm, 25 cm Mineralfasermatten
03 Holzfachwerk-Fassadenelemente, 10 x 32 cm, 30 cm Mineralfasermatten
04 Integrierte Fensterelemente, U-Wert = 1,3
05 Integrierte Fensterelemente, U-Wert = 0,8
06 Integrierte Festverglasungen, U-Wert = 1,3
07 Integrierte Festverglasungen, U-Wert = 0,8
08 Integrierte Rollladenkästen
09 Integrierte Rollladenpanzer
10 Integrierte Fenstertüren, U-Wert = 1,3
11 Integrierte Fenstertüren, U-Wert = 0,8
12 Integrierte Hauseingangstüren

339 Außenwände, Sonstiges

01 Rollladenkästen
02 Rollladenpanzer
03 Rollladen-Zubehörteile
11 Außenklappladen
12 Außenschiebeladen
13 Sonnenschutzvorrichtungen
14 Vordächer
21 Erker/Wintergärten
22 Balkone mit Traggerüst
23 Balkone als Kragelemente
31 Außen-Geländer
32 Gitter, Gittertüren
41 Keller-Lichtschächte
51 Massive Außen-Brüstungen

340 Innenwände

341 Tragende Innenwände

01 Kellerwände aus Ortbeton C 20/25
02 Kellerwände, Stahlbetonfertigteile
03 Kellerwände aus Mauersteinen
11 Tragende Innenwände, D = 11,5 cm
12 Tragende Innenwände, D = 15,0 cm
13 Tragende Innenwände, D = 17,5 cm
14 Tragende Innenwände, D = 24,0 cm
15 Beton-Gebäudetrennwand, zweischalig
16 Gebäudetrennwände in Mauerwerk

342 Nichttragende Innenwände

01 Mauertrennwände, D = ca. 7-8 cm
02 Mauertrennwände, D = ca. 10 cm
03 Mauertrennwände, D = ca. 11,5-12 cm
11 Metallständerwände, D = ca. 7,5-10 cm

343 Innenstützen

01 Verstärkung Mauerwerk D = 11,5/17,5 cm
11 Beton-Innenstützen
12 Stahl-Innenstützen

344 Innentüren und Innenfenster

01 Innentüren, H = 2,01 m
02 Innentüren, H = 2,135 m
03 Sonderbauteile Innentüren
04 Raumhohe Innentüren
05 Ganzglas-Innentüren, H = 2,01 m
06 Ganzglas-Innentüren, H = 2,135 m
11 Sonder-Innentüren
12 Innenfenster, -fenstertüren
21 Innenverglasungen, feststehend

345 Innenwandbekleidungen

01 Innen-Wandfertigputz
02 Gipskarton-Wandbekleidungen
03 Innen-Kunststoffbeschichtungen
11 Innen-Wandanstriche
12 Tapeten auf Wänden
21 Wandfliesen
31 Holzwandbekleidungen, innen
41 Dämmfüllungen Innenwandbekleidung

346 Innenwände, elementierte

01 Wandelemente mit Kernfüllung
11 Gipskarton-Paneelwände

350 Decken

351 Deckenkonstruktion

01 Ortbetondecke, Einfeldplatten, Leichtbauwand
02 Ortbetondecke, Einfeldplatten, Massivtrennwand
03 Ortbetondecke, durchlaufende, Leichtwand
04 Ortbetondecke, durchlaufende, Massivwand
11 Spannbetonplattendecke, Einfeldplatte
12 Spannbetonplattendecke, durchlaufend
21 Filigranplattendecke, Einfeldplatten
22 Filigranplattendecke, durchlaufend
31 Spannbetonhohlplattendecke
41 Träger-Hohlsteindecke
42 Ziegel-Hohlkörperdecke
51 Holzbalkendecken
52 Holzbalken als Unterzüge und Binder
61 Zusatzstahl in Deckenstreifen von Betondecken
62 Stahlträger an Geschossdecken
71 Stahlbetonunterzüge
72 Stahlbetonüberzüge
73 Decken-Ringbalken
81 Geschosstreppenstufen aus Beton
82 Geschosstreppenstufen aus Stahl/Holz
83 Holztreppenstufen ohne Setzstufen
84 Holztreppenstufen mit Setzstufen
85 Sondertreppenstufen, innen
91 Kelleraußentreppe ohne Stützwand
92 Kelleraußentreppe, zwei Stützwände
93 Hauseingangstreppe aus Beton
94 Hauseingangstreppe, Leichtkonstruktion

352 Deckenbeläge

01 Estriche
02 Fußbodenabdichtungen
03 Balkon- und Terrassenabdichtungen
11 Holz-/Holzwerkstoffböden
12 Fußboden-Dämmschichten
13 Fußleisten
21 Fußbodenanstrich, -beschichtungen
22 Fußboden-Oberbeläge
31 Balkonbeläge
32 Balkon-Abschlussprofile
41 Beläge von Massivtreppen
42 Beläge von Massivtreppenpodesten
51 Beläge von Holztreppenstufen
52 Beläge von Holztreppenpodesten

353 Deckenbekleidungen

01 Decken-Fertigputz
02 Gipskarton-Deckenbekleidungen
03 Innen-Kunststoffbeschichtungen
11 Decken-Dämmschichten
21 Holz-Deckenbekleidungen, innen
31 Deckenanstriche
32 Tapeten auf Deckenbekleidungen

359 Decken, Sonstiges

01 Außengeländer
02 Handläufe, außen
11 Holzgeländer, innen
12 Stahlgeländer, innen
13 Raumhohe Geländerstäbe
14 Handläufe, innen

360 Dächer

361 Dachkonstruktionen

01 Holzsparrenlagen für Dächer
02 Holzkehlbalkenlagen für Dächer

11 Holzpfetten und Fußpfetten
12 Holzstützen/Streben im Dach
13 Grate, Kehlen, Widerlager
14 Dachschalungen
21 Dachverbundelemente
31 Stahlträger für Dachkonstruktion
41 Dachgauben

362 Dachöffnungen

01 Dachluken
02 Dachfenster
11 Dachflächen-Wohnraumfenster
12 Zubehör zu Dachflächenfenstern
13 Sonnenschutz-Dachflächenfenster
21 Lichtkuppeln

363 Dachbeläge

01 Dach-Pfanneneindeckungen
02 Dach-Platteneindeckungen
11 Dach-Metalleindeckungen
12 Dach-Dichtungsbahn-Eindeckungen
13 Extensive Dachbegrünung
21 Wärmedämmschichten an Dächern
31 Dachanschlüsse
41 Dachentwässerung

364 Dachbekleidungen, innen

01 Gipskarton-Dachbekleidungen, innen
02 Holzbekleidungen unter Dächern
03 Bekleidungen zwischen Dachsparren
11 Kunststoff-Beschichtungen der Dachbekleidungen
12 Anstriche Dachbekleidungen, innen
13 Tapeten auf Dachbekleidungen, innen
21 Holzwolle-Leichtbauplatten

365 Dachbekleidungen, außen

01 Holz-Dachbekleidungen, außen
02 Faserzementplatten-Bekleidungen
03 Dach-Metallbekleidungen
11 Wärmedämmschichten Dachbekleidung
12 Anstriche Dachbekleidungen, außen
21 Kaminkopf-Bekleidungen

369 Dächer, Sonstiges

01 Dach-Sicherungselemente
11 Kaminabdeckplatten

390 Sonstige Maßnahmen für Baukonstruktionen

391 Baustelleneinrichtung

01 Außengerüste
02 Schutzvorrichtungen
11 Bauschild
21 Lagerflächen
22 Lagerräume
23 Baubüros
24 Provisorische Versorgung
31 Baukräne und Container
32 Sonstige Baumaschinen
51 Baustelleneinrichtung pauschal

400 BAUWERK – TECHNISCHE ANLAGEN

410 Abwasser-, Wasser-, Gasanlagen

411 Abwasseranlagen

01 Abwasserinstallation komplett
11 Abwasserleitungen
21 Sonderbauteile Abwasserinstallation
31 Sickerschacht
41 Zisterne aus Betonfertigteilen
51 Sickermulde
61 Rigole

412 Wasseranlagen

01 Wasserinstallation komplett
11 Warmwasserbereiter
12 Wasserleitungen
13 Sanitärausstattung, Armaturen

420 Wärmeversorgungsanlagen

421 Wärmeerzeugungsanlagen

01 Wärmeerzeuger

422 Wärmeverteilnetze

01 Heizleitungen

423 Raumheizflächen

01 Heizflächen

429 Wärmeversorgungsanlagen, Sonstiges

01 Heizungsanlagen komplett
11 Sonderbauteile Heizung

430 Lufttechnische Anlagen

431 Lüftungsanlagen

01 Entlüftungsleitungen
02 Mechanische Entlüfter
03 Geregelte Be- und Entlüftung ohne Wärmerückgewinnung
04 Geregelte Be- und Entlüftung mit Wärmerückgewinnung

440 Starkstromanlagen

441 Hoch- und Mittelspannungsanlagen

01 Elektro-Ausstattung als Unterputzausführung
11 Starkstromleitungen
21 Elektroinstallation komplett
31 Zählerplatz, Verteilungen

445 Beleuchtungsanlagen

01 Wohnungsbeleuchtung
11 Gewerbliche Beleuchtung
21 Außenanlagenbeleuchtung

450 Fernmelde- und informationstechnische Anlagen

459 Sonstiges

01 Fernmeldetechnik

500 AUSSENANLAGEN

510 Geländeflächen

02 Bodenbearbeitung
04 Pflanzarbeiten
05 Rasenarbeiten

520 Befestigte Flächen

01 Wege, Straßen
02 Plätze, Höfe, Stellplätze
09 Sonstige Außentreppenstufen

530 Baukonstruktion in Außenanlagen

01 Einfriedungen
03 Mauern, Wände

550 Einbauten in Außenanlagen

01 Allgemeine Einbauten
02 Besondere Einbauten
09 Sonstige Einbauten

590 Sonstige Außenanlagen

01 Schutz, Trocknung, Prämien

700 BAUNEBENKOSTEN

730 Architekten- und Ingenieurleistungen

01 Planungs- und Bauleitungskosten
02 Technische Betreuung der Fachplaner und Ingenieure

760 Finanzierung

01 Finanzierungskosten

770 Allgemeine Baunebenkosten

01 Behördliche Prüfung und Abnahme
02 Sonstige Baunebenkosten

000 Baustelleneinrichtung
001 Gerüstarbeiten
002 Erdarbeiten
003 Landschaftsbauarbeiten
005 Brunnenbau/Aufschlussbohrungen
009 Entwässerungskanalarbeiten
010 Dränarbeiten
012 Maurerarbeiten
013 Beton-/Stahlbetonarbeiten
014 Naturwerksteinarbeiten/Betonwerksteinarbeiten
016 Zimmer-/Holzbauarbeiten
017 Stahlbauarbeiten
018 Abdichtung gegen Wasser
020 Dachdeckungsarbeiten
021 Dachabdichtungsarbeiten
022 Klempnerarbeiten
023 Putz-/Stuckarbeiten
024 Fliesen-/Plattenarbeiten
025 Estricharbeiten
027 Tischlerarbeiten
028 Parkettarbeiten/Holzpflasterarbeiten
030 Rollladenarbeiten
031 Metallbau-/Schlosserarbeiten
034 Maler/-Lackiererarbeiten
036 Bodenbelagarbeiten
037 Tapezierarbeiten
039 Trockenbauarbeiten
040 Heizung/zentr. Brauchwassererwärmungsanlagen
042 Gas/Wasserinst. Leit./Armaturen
043 Abwasserinstallationsarbeiten
044 – Leitungen, Abläufe, Abscheider Gas-, Wasser- u. Abwasserinstallationsarbeiten
045 – Einrichtungsgegenstände
052 Mittelspannungsanlagen
053 Niederspannungsanlagen
058 Leuchten und Lampen
061 Fernmeldeleitungsanlagen
065 Empfangsantennenanlagen
075 Raumlufttechnik/Luftverteilsystem
080 Straßen, Wege, Plätze

Ergänzungen 900er-Bereiche:

901 Fertig-Fenster
902 Fertig-Türelemente
903 Fertig-Wandelemente außen
904 Fertig-Wandelemente innen
905 Wärmedämm-Verbundsysteme
910 Systemdecken
911 Fertigtreppen
912 Fertig-Dachelemente
918 Zusätzliche Maßnahmen Bauwerk
919 Sonstige Konstruktionen
980 Grundstück
981 Öffentliche Erschließung
982 Nichtöffentliche Erschließung
989 Sonstige Abgaben/Erschließung
991 Architektenleistungen Ingenieurleistungen
992 – Tragwerksplanung
993 – HLW-Technik
994 – Elektrotechnik
995 Garten-/Landschaftsplanung
996 Sonstige Fachberater
997 Finanzierungskosten
998 Behördliche Prüfung/Abnahme
999 Sonstige Baunebenkosten

DIN	AK	AA	Bauteiltext	LB	Einheit	Mittelpreis EUR	Preisspanne EUR
110	**01**		**Wert des Grundstückes** **Verkehrswert des Grundstückes nach gutachterlicher Ermittlung unter Berücksichtigung wertbeeinflussender Faktoren, einschl. evtl. Zu- oder Abschläge**				
		01	Grundstückswert, voller Verkehrswert	*980*	m²	**0,00**	
		02	Grundstückswert, geminderter Verkehrswert	*980*	m²	**0,00**	

DIN	AK	AA	Bauteiltext	*LB*	Einheit	Mittelpreis EUR	Preisspanne EUR
120	**01**		**Gebühren, Steuern, Provisionen mit allen anteiligen Kosten**				
		01	Vermessungsgebühren	*980*	pau	**0,00**	
		02	Gerichtsgebühren	*980*	pau	**0,00**	
		03	Notariatsgebühren	*980*	pau	**0,00**	
		04	Maklerprovision	*980*	pau	**0,00**	
		11	Grunderwerbssteuer	*980*	pau	**0,00**	
		12	Kosten von Wertgutachten	*980*	pau	**0,00**	
		13	Kosten von Baugrunduntersuchungen	*980*	pau	**0,00**	
		21	Gebühren amtlicher Genehmigungen	*980*	pau	**0,00**	
		22	Kosten Bodenord./Grenzregulierung	*980*	pau	**0,00**	
		31	Sonstige Erwerbskosten	*980*	pau	**0,00**	

Preisstand III/2017 Index 117,2 (2010 = 100) inkl. MWSt: 19 %

DIN	AK	AA	Bauteiltext	LB	Einheit	Mittelpreis EUR	Preisspanne EUR
130	**01**		**Abfindungen/Ablösungen mit allen hierfür erforderlichen Kostenanteilen**				
		01	Abfindungen Miet-/Pachtverträge	*989*	pau	**0,00**	
		02	Ablösung dingl. Rechte/Belastungen	*989*	pau	**0,00**	
		03	Sonstige Freimachungskosten	*989*	pau	**0,00**	

DIN	AK	AA	Bauteiltext	LB	Einheit	Mittelpreis EUR	Preisspanne EUR
210	**01**		**Bauliche Maßnahmen als Voraussetzung einer Neubebauung mit allen hierfür erforderlichen Kostenanteilen**				
		01	Abräumen Einfriedungen/Hindernisse	*002*	pau	**0,00**	
		02	Sichern von zu erhaltendem Bewuchs	*002*	pau	**0,00**	
		03	Roden von vorhandenem Bewuchs	*002*	pau	**0,00**	
		11	Abbruch von Bauwerken/Bauwerksteilen	*002*	pau	**0,00**	
		12	Beseitigen von Verkehrsanlagen	*002*	pau	**0,00**	
		13	Abtrennen von Versorgungsleitungen	*002*	pau	**0,00**	
		21	Sicherung von Oberboden	*002*	pau	**0,00**	
		22	Herrichten der Geländeoberfläche	*002*	pau	**0,00**	
		31	Sonstige Herrichtungskosten	*002*	pau	**0,00**	

DIN	AK	AA	Bauteiltext	LB	Einheit	Mittelpreis EUR	Preisspanne EUR
220	**01**		**Beiträge und Abgaben nach Auskunft und Vorkalkulation von Kommunen, Ver- und Entsorgungsträger**				
		01	Abwasseranlagen/Kanalisation	*981*	pau	**0,00**	
		02	Wasserversorgung	*981*	pau	**0,00**	
		11	Fernwärmeversorgung	*981*	pau	**0,00**	
		12	Gasversorgung	*981*	pau	**0,00**	
		13	Elektrische Stromversorgung	*981*	pau	**0,00**	
		14	Fernmeldeanlagen	*981*	pau	**0,00**	
		21	Verkehrsanlagen/Beleuchtung	*981*	pau	**0,00**	
		22	Grünflächen	*981*	pau	**0,00**	
		31	Sonstige öffentliche Erschließung	*981*	pau	**0,00**	

Preisstand III/2017 Index 117,2 (2010 = 100) inkl. MWSt: 19 %

DIN	AK	AA	Bauteiltext	LB	Einheit	Mittelpreis EUR	Preisspanne EUR
230	**01**		**Anlagen-/Anschlusskosten nach Auskunft und Vorkalkulation von Kommunen, Ver- und Entsorgungsträgern oder eigener Kalkulation**				
		01	Abwasseranlagen/Kanalisation	*982*	pau	**0,00**	
		02	Wasserversorgung	*982*	pau	**0,00**	
		11	Fernwärmeversorgung	*982*	pau	**0,00**	
		12	Gasversorgung	*982*	pau	**0,00**	
		13	Elektrische Stromversorgung	*982*	pau	**0,00**	
		14	Fernmeldeanlagen	*982*	pau	**0,00**	
		21	Verkehrsanlagen/Beleuchtung	*982*	pau	**0,00**	
		22	Grünflächen	*982*	pau	**0,00**	
		31	Sonstige nichtöffentliche Erschließung	*982*	pau	**0,00**	

DIN	AK	AA	Bauteiltext	*LB*	Einheit	Mittelpreis EUR	Preisspanne EUR
240	**01**		**Andere einmalige Abgaben nach Auskunft und Vorkalkulation von Kommunen/ der öffentlichen Hand**				
		01	Ansiedlungsgebühren/-leistungen	*989*	pau	**0,00**	
		02	Beiträge Bau von KFZ-Stellplätzen	*989*	pau	**0,00**	
		11	Sonstige einmalige Abgaben	*989*	pau	**0,00**	

Hinweise für kostensparende Lösungen

- Die Bauweise von Einfamilienhäusern als Einzel-, Doppel- oder Reihenhäuser besitzt erhebliche Auswirkungen auf die Gesamtkosten eines Hauses.

  Einzel- und Doppelhäuser verursachen im Durchschnitt ca. 10–30 % höhere Bauwerkskosten als Reihenhäuser.

- Unter dem Aspekt der wirtschaftlichen Grundstücksausnutzung und bei Hausgrößen zwischen 100 und 150 m^2 Wohnfläche stellt die 2,0 bis 2,5-geschossige Bauweise die kostengünstigste Bauform dar.

  Die niedrigsten Baukosten je m^2 Wohnfläche entstehen bei Verzicht auf Unterkellerung zugunsten ebenerdiger Abstellräume und gleichzeitigem Dachgeschossausbau.

  Das geneigte Dach mit 35–40 Grad Neigung bietet die Möglichkeit von Raumreserven für einen späteren Ausbau, der sich auch besonders für Selbsthilfearbeiten eignet.

  Aus diesem Grund wird diese Dachform bevorzugt bei KFB-Maßnahmen angewendet.

  Das Pultdach stellt ebenfalls eine preiswerte Lösung dar und wird zunehmend gewählt.

  Verzicht auf sofortigen Dachgeschossausbau erhöht die Baukosten je m^2 Wohnfläche, senkt aber die absolute Summe der Herstellungskosten.

- Hausunterkellerungen erfordern einen erheblichen Kostenaufwand.

  Im ebenen Gelände, bei normalen Bedingungen (Gründungstiefe) und Grundstückszuschnitten, die zusätzliche ebenerdige Kellerzusatzräume erlauben, stellt eine Lösung ohne Unterkellerung eine kostengünstige Alternative dar; jedoch ist häufig ein größeres Grundstück erforderlich.

- Die Raumgrößen können in vielen Fällen ohne gravierende Wohnwertverringerung reduziert werden, wenn Nutzungsflexibilität und vernünftige Funktionszuordnungen gewährleistet sind.

  Dadurch sind Wohneinheiten von 90–100 m^2 Wohnfläche möglich, eventuell durch späteren Dachgeschossausbau auf 120–150 m^2 erweiterbar.

- Die Ausnutzung von baurechtlichen Erleichterungen erlaubt in vielen Fällen Einsparungen, gegebenenfalls sind Dispensierungen erforderlich.

  Treppensteigungen mit kürzeren Lauflängen schaffen zusätzliche Wohnfläche und senken die Bauteilkosten. Verringerung von Geschosshöhen vermindert die Baukosten von Wänden und Treppen.

- Durch exakte Einzelnachweisverfahren bei der Tragwerksplanung sind gegenüber pauschalen Dimensionierungen nach „Rezept" erhebliche Kosten beim Rohbau einzusparen.

  Die Mehrkosten durch erhöhten Aufwand bei der Tragwerksplanung sind, vor allem bei Typenplanungen, durch ein Mehrfaches an Einsparungen bei den Bauwerkskosten aufzurechnen.

  Derartige Einsparungen können zum Beispiel in Form von reduzierten Deckenstärken, Stahlmengen und Wandstärken tragender Wände, entfallenden Sonderbauteilen wie Ringanker, optimierten Holzquerschnitten von Dachstühlen erfolgen.

- Für jedes Einzelbauteil und Bauelement der Gebäude gibt es eine Reihe von alternativen Ausführungen, die sich oft in Qualität und Preis unterscheiden.

  Unter Abwägung der zur Verfügung stehenden Möglichkeiten sollte eine Kosten-/Nutzenbetrachtung jeweils die Lösung auswählen, die den angestrebten Standard mit den niedrigsten Kosten erreicht.

  Es können dabei reine Materialkostenvergleiche erfolgen (z.B. Fliesenqualitäten), es sind alternative Konstruktionen zu vergleichen (z.B. Holzbalkendecken/Stahlbetondecken), es sind Herstellungsverfahren zu berücksichtigen (z.B. vorgefertigte Elemente), Konstruktionen wegzulassen (z.B. Rollläden) oder Massen zu verringern.

  Die Lebensdauer und die Folgekosten (Instandhaltungs- und Betriebskosten) spielen hierbei eine besonders zu beachtende Rolle.

- Die Planung der Gebäude sollte die Wiederholung gleichartiger Bauelemente in Form und Konstruktion berücksichtigen – dies muss nicht gleichbedeutend mit Uniformität sein, wenn die Bauelemente in verschiedenen Kombinationen Gestaltungsspielräume lassen.

  Durch Bautypen und Typenelemente sind erhebliche Baukosteneinsparungen möglich, zusätzlich kann dadurch die Baudurchführung rationalisiert werden.

  Kürzere Bauzeiten senken die Baukosten durch niedrigen Finanzierungsaufwand.

Hinweise für kostensparende Lösungen

- Bei nicht unterkellerten Gebäuden sind die Leistungen der Kostenstelle „Baugrube" in der Regel vollständig mit Maschineneinsatz zu erbringen.
- Die Ausführung einer Filterschicht (Kies, Schotter, Schlacke) mit ca. 10 cm Dicke kann gegenüber üblicher Stärke von 20–25 cm die Aushubmassen verringern, wenn technisch keine Bedenken bestehen. Die Fundamente sind dann zusätzlich zu schachten.
- Bei Bodenaushub der Bodenklasse 3–4 kann eine Verfüllung von Arbeitsräumen mit diesem Aushub erfolgen, wenn eine ausreichende Verdichtung möglich ist. Der Einbau von Kies kann eingespart werden, sofern das Bodengutachten den Einbau des Aushubmaterials zulässt.
- Lichte Kellerhöhen von 2,10 bis 2,30 ergeben gegenüber größeren lichten Höhen geringere Aushubmassen der Baugrube.

DIN	AK	AA	Bauteiltext	LB	Einheit	Mittelpreis EUR	Preisspanne EUR
311	**01**		**Boden ausheben und lagern vollständig mit Maschineneinsatz**				
		01	BK 1 – Mutterboden abschieben	*002*	m³	**7,50**	6,00 9,00
		02	BK 3-5 – mittlere Böden maschinell ausheben und lagern	*002*	m³	**8,00**	6,00 9,00
		03	BK 6 – schwer lösbare Böden maschinell ausheben und lagern	*002*	m³	**12,50**	11,00 14,00
		04	BK 7 – Fels maschinell ausheben und lagern	*002*	m³	**27,00**	22,00 31,00
	02		**Boden ausheben und abfahren vollständig mit Maschineneinsatz (ohne Deponiegebühren)**				
		01	BK 1 – Mutterboden maschinell ausheben und abfahren	*002*	m³	**11,50**	10,00 12,00
		02	BK 3-5 – mittlere Böden maschinell ausheben und abfahren	*002*	m³	**12,00**	11,00 13,00
		03	BK 6 – schwer lösbare Böden maschinell ausheben und abfahren	*002*	m³	**18,00**	14,00 20,00
		04	BK 7 – Fels maschinell ausheben und abfahren	*002*	m³	**33,00**	30,00 35,00
	03		**Boden planieren D = 20-30 cm, vollständig mit Maschineneinsatz**				
		01	gelagerten Mutterboden einplanieren	*002*	m²	**2,75**	2,00 3,00
		02	Mutterboden anfahren, einplanieren	*002*	m²	**8,00**	6,00 10,00
		03	gelagerten Aushub BK 3-5 einplanieren	*002*	m²	**2,75**	2,00 3,00
		04	Aushub BK 3-5 anfahren, einplanieren	*002*	m²	**7,50**	6,00 8,00
	04		**Hinterfüllungen vollständig mit Maschineneinsatz und ausreichender Verdichtung**				
		01	maschinelle Hinterfüllung mit gelagertem Aushub	*002*	m³	**8,50**	7,00 10,00
		02	maschinelle Hinterfüllung mit Anfuhr von Bodenklasse 3-4	*002*	m³	**27,00**	25,00 29,00
		03	maschinelle Hinterfüllung mit Anfuhr von Kies/Splitt	*002*	m³	**37,00**	33,00 40,00

Preisstand III/2017 Index 117,2 (2010 = 100) inkl. MWSt: 19 %

Hinweise für kostensparende Lösungen

Verringerung der Auflasten durch Konstruktionsoptimierung und gleichmäßige Lastverteilung ermöglichen geringe Fundamentabmessungen.

Häufig ist die Anordnung einer bewehrten Bodenplatte kostengünstiger als die Ausführung mit Streifen- und Einzelfundamenten.

Erhebliche Reduzierung der Fundamentbreite bei zweischaligen Gebäudetrennwänden ist möglich bei Verzicht auf Trennung der Baukörper im Fundament- bzw. Bodenplattenbereich.

Damit entfällt durch mittige Lastabtragung auch eine Bewehrung gegenüber außermittiger Belastung.

Wiederverwendbare Fundamentschalung als Elementschalung spart Bauzeit und reduziert die Kosten.

Verzicht auf Unterkellerung ermöglicht auch den Fundamentaushub vollständig mit Maschineneinsatz.

Bei Vorliegen eines Bodengutachtens können Tragwerksoptimierungen erfolgen wie:

> Bessere Ausnutzung der zulässigen Bodenpressungen durch Ausschaltung von Risikozuschlägen.
>
> Reduzierungen von Fundamentbreiten und Haupttraggliedern bis auf 40 cm.
>
> Verzicht auf Zerrbewehrungen bei Einzellastabtragung möglich.

Die Verringerung der Fundamenteinbindetiefe von 50 cm auf 35 cm bei Ausbildung als Muldenfundamente ist in einigen Fällen möglich.

Bei unbewehrten Kellersohlen kann auf eine Sauberkeitsschicht verzichtet werden. Bei vorhandenen Bodenklassen 3–4 ist eine Filterschicht nicht unbedingt erforderlich.

Durch Bewehrungseinlagen in der Bauwerkssohle unter Trennwänden kann auf zusätzliche Fundamentierung verzichtet werden.

Bei Verziehen von Abwasserleitungen unter Kellerdecke sind Revisionsschächte und Gräben nicht erforderlich (lichte Kellerhöhen beachten).

DIN	AK	AA	Bauteiltext	LB	Einheit	Mittelpreis EUR	Preisspanne EUR
322	01		**Fundamente ausheben Lagerung der ausgehobenen Bodenmassen auf dem Baugrundstück**				
		01	Fundamente mit Hand in verdichteter Filterschicht ausheben	*013*	m^3	**63,00**	58,00 67,00
		02	Fundamente von Hand ausheben, Bodenklasse 3-5	*013*	m^3	**144,00**	133,00 165,00
		11	Fundamente ausheben, Maschinenschachtung, Bodenklasse 3-5	*013*	m^3	**37,00**	33,00 39,00
	02		**Fundamente ausheben Abfuhr der ausgehobenen Bodenmassen, einschließlich Kippgebühren**				
		01	Fundamente ausheben von Hand, Bodenklasse 3-5	*013*	m^3	**162,00**	146,00 173,00
		11	Fundamente ausheben, Maschinenschachtung, Bodenklasse 3-5	*013*	m^3	**56,00**	50,00 61,00
		12	Fundamente ausheben, Maschinenschachtung, Bodenklasse 6	*013*	m^3	**88,00**	83,00 93,00
		13	Fundamente ausheben, Maschinenschachtung, Bodenklasse 7	*013*	m^3	**122,00**	115,00 129,00
	11		**Fundamente in C 8/10, unbewehrt nach Angabe der Tragwerksplanung, als Einzel- oder Streifenfundamente, Schalung eingerechnet, soweit erforderlich**				
		01	Kiesmuldenfundamente C 8/10	*013*	m^3	**126,00**	117,00 139,00
		02	Fundamente mit Stehbrett C 8/10	*013*	m^3	**130,00**	119,00 146,00
		11	Geschalte Fundamente C 8/10, ca. 30 x 40 cm	*013*	m^3	**340,00**	313,00 372,00
		12	Geschalte Fundamente C 8/10, ca. 50 x 60 cm	*013*	m^3	**255,00**	239,00 279,00
	12		**Fundamente in C 12/15, unbewehrt nach Angabe der Tragwerksplanung, als Einzel- oder Streifenfundamente, Schalung eingerechnet, soweit erforderlich**				
		01	Kiesmuldenfundamente C 12/15	*013*	m^3	**166,00**	156,00 177,00
		02	Fundamente mit Stehbrett C 12/15	*013*	m^3	**170,00**	160,00 180,00
		11	Geschalte Fundamente C 12/15, ca. 30 x 40 cm	*013*	m^3	**585,00**	559,00 619,00
		12	Geschalte Fundamente C 12/15, ca. 50 x 60 cm	*013*	m^3	**500,00**	466,00 532,00

DIN	AK	AA	Bauteiltext	LB	Einheit	Mittelpreis EUR	Preisspanne EUR
322	**13**		**Fundamente in C 20/25, bewehrt nach Angabe der Tragwerksplanung, als Einzel- oder Streifenfundamente, Bewehrung eingerechnet und Schalung, soweit erforderlich, mit Sauberkeitsschicht für das Einbringen der Bewehrung**				
		01	Kiesmuldenfundamente C 20/25	*013*	m³	**184,00**	167,00 194,00
		02	Fundamente mit Stehbrett C 20/25	*013*	m³	**188,00**	177,00 197,00
		11	Geschalte Fundamente C 20/25, ca. 30 x 40 cm	*013*	m³	**615,00**	579,00 665,00
		12	Geschalte Fundamente C 20/25, ca. 50 x 60 cm	*013*	m³	**520,00**	472,00 572,00

DIN	AK	AA	Bauteiltext	LB	Einheit	Mittelpreis EUR	Preisspanne EUR
324	**01**		**Kellersohle als Betonsohle auch für untergeordnete Nebenräume, aus C 12/15, D = ca. 12 cm, Abrissbewehrung über den Fundamenten, PE-Folie, ohne Sauberkeitsschicht**				
		01	Betonsohle C 12/15, 10-13 cm Kies, abgeriebene Oberfläche	*013*	m²	**40,00**	36,00 42,00
		02	Betonsohle C 12/15, 10-13 cm Kies, Oberfläche für Estrich	*013*	m²	**37,00**	35,00 39,00
		11	Betonsohle C 12/15, ohne Kies, abgeriebene Oberfläche	*013*	m²	**35,00**	32,00 36,00
		12	Betonsohle C 12/15, ohne Kies, Oberfläche für Estrich	*013*	m²	**29,00**	27,00 30,00
	02		**Kellersohle als bewehrte Platte auch für untergeordnete Nebenräume, aus C 20/25, D = ca. 20 cm, einschließlich Bewehrung nach Angabe der Tragwerksplanung, PE-Folie, Sauberkeitsschicht für das Einbringen der Bewehrung**				
		01	Betonsohle C 20/25, 10-13 cm Kies, abgeriebene Oberfläche	*013*	m²	**64,00**	60,00 67,00
		02	Betonsohle C 20/25, 10-13 cm Kies, Oberfläche für Estrich	*013*	m²	**62,00**	57,00 63,00
		11	Betonsohle C 20/25, ohne Kies, abgeriebene Oberfläche	*013*	m²	**57,00**	53,00 60,00
		12	Betonsohle C 20/25, ohne Kies, Oberfläche für Estrich	*013*	m²	**53,00**	50,00 57,00
	03		**Kellersohlesperrbeton, bewehrte Platte auch für untergeordnete Nebenräume, aus C 20/25, D = 20 cm, geeignet gegen drückendes Wasser, Bewehrung nach Angabe der Tragswerksplanung eingerechnet, PE-Folie, Sauberkeitsschicht zum Einbringen der Bewehrung**				
		01	Sperrbeton, Oberfläche abgerieben	*013*	m²	**99,00**	92,00 111,00
		02	Sperrbeton, Oberfläche für Estrich	*013*	m²	**95,00**	88,00 107,00

Preisstand III/2017 Index 117,2 (2010 = 100) inkl. MWSt: 19 %

DIN	AK	AA	Bauteiltext	LB	Einheit	Mittelpreis EUR	Preisspanne EUR
324	11		**Wohnraumsohle als Betonsohle mit ausreichender Abdichtung für Wohnnutzung, D = ca. 12 cm, Abrissbewehrung über den Fundamenten, PE-Folie, Oberfläche für Estrich**				
		01	Wohnraumsohle, D = ca. 12 cm, C 12/15, Kiespackung, Abklebung	*013*	m²	**64,00**	60,00 81,00
		02	Wohnraumsohle, D = ca. 12 cm, C 12/15, mit Abklebung/Mastix	*013*	m²	**57,00**	53,00 102,00
		11	Wohnraumsohle, D = ca. 12 cm, C 20/25 Sperrbeton, 10-13 cm Kies	*013*	m²	**53,00**	51,00 55,00
		12	Wohnraumsohle, D = ca. 12 cm, C 20/25 Sperrbeton	*013*	m²	**46,00**	43,00 47,00
	12		**Wohnraumsohle als bewehrte Platte mit ausreichender Abdichtung für Wohnnutzung, ohne zusätzliche Fundamentierung, aus C 20/25, D = ca. 20 cm, Bewehrung nach Angabe der Tragwerksplanung eingerechnet, auf ca. 60 cm starker, verdichteter Kiespackung, Sauberkeitsschicht für das Einbringen der Bewehrung**				
		01	Wohnraumsohle, D = ca. 20 cm, Sperrbeton, ohne Abklebung	*013*	m²	**92,00**	89,00 96,00
		02	Wohnraumsohle, D = ca. 20 cm, Normalbeton, mit Abklebung	*013*	m²	**118,00**	114,00 121,00
		11	Wohnraumsohle, D = ca. 20 cm, Sperrbeton, zusätzl. Abklebung	*013*	m²	**124,00**	119,00 130,00

Preisstand III/2017 Index 117,2 (2010 = 100) inkl. MWSt: 19 %

Hinweise für kostensparende Lösungen

- Bei Ausnutzung der Möglichkeiten tragwerksplanerischer Nachweisverfahren unter Einbeziehung von DIN 1053 neu, Teil II sind tragende Außenwände über zwei Vollgeschosse in einer Dicke von 11,5 cm realisierbar.
- Darüber hinaus sind tragende Außenwände in einer Stärke von 15 cm möglich, im Geschosswohnungsbau z.B. EG und 1. OG in 15,0 cm dicken Außenwänden, 2. OG + 3. OG in 11,5 cm Stärke.
- Dünnere Wände ermöglichen neben der Senkung der Bauteilkosten: mehr Wohnfläche auf gleich großen Grundstücken oder gleiche Wohnfläche auf kleineren Grundstücken.
- Aus Wärmeschutzgründen sind diese Wände in zweischaliger Ausführung mit zusätzlicher Wärmedämmschicht auszuführen.
- Verwendung von Mauerwerkslehren bringt rascheren Arbeitsfortschritt und damit Kostenersparnis.
- Die Verwendung von großformatigen Steinen wie Stein-Planelemente mit Einsatz von kleineren Hebezeugen senkt die Kosten erheblich und verkürzt die Bauzeit. Teilweise wird die Anwendung von Spachtelputz ermöglicht.
- Schwächung der Außenwände durch Installationsschlitze sollte zur Vermeidung von Zusatzmaßnahmen unterbleiben.
- Verzicht auf Heizkörpernischen, spitzwinklig einbindende Wände oder Vorsprünge verkürzt die Bauzeit und senkt den Kostenaufwand.

DIN	AK	AA	Bauteiltext	LB	Einheit	Mittelpreis EUR	Preisspanne EUR
331	01		**Kellerwände aus Ortbeton C 20/25 beidseitige Schalung eingerechnet, Abstützung und Bewehrung, soweit erforderlich, ohne Außenbekleidung**				
		01	Kellerwände C 20/25, D = 20 cm, unbewehrt	*013*	m²	**156,00**	144,00 165,00
		02	Kellerwände C 20/25, D = 20 cm, bewehrt	*013*	m²	**174,00**	166,00 182,00
		03	Kellerwände C 20/25, D = 20 cm, Sperrbeton, unbewehrt	*013*	m²	**166,00**	158,00 172,00
		04	Kellerwände C 20/25, D = 20 cm, Sperrbeton, bewehrt	*013*	m²	**186,00**	178,00 193,00
		11	Kellerwände C 20/25, D = 25 cm, unbewehrt	*013*	m²	**186,00**	178,00 194,00
		12	Kellerwände C 20/25, D = 25 cm, bewehrt	*013*	m²	**208,00**	200,00 218,00
		13	Kellerwände C 20/25, D = 25 cm, Sperrbeton, unbewehrt	*013*	m²	**198,00**	187,00 209,00
		14	Kellerwände C 20/25, D = 25 cm, Sperrbeton, bewehrt	*013*	m²	**218,00**	208,00 231,00
		21	Kellerwände C 20/25, D = 30 cm, unbewehrt	*013*	m²	**198,00**	189,00 209,00
		22	Kellerwände C 20/25, D = 30 cm, bewehrt	*013*	m²	**218,00**	207,00 230,00
		23	Kellerwände C 20/25, D = 30 cm, Sperrbeton, unbewehrt	*013*	m²	**208,00**	198,00 222,00
		24	Kellerwände C 20/25, D = 30 cm, Sperrbeton, bewehrt	*013*	m²	**230,00**	217,00 242,00
	02		**Kellerwände, Stahlbetonfertigteile in Sperrbeton, erforderliche Montagegeräte eingerechnet, ohne Außenbekleidung**				
		01	Kellerwände, Stahlbetonfertigteile, D = 15 cm, aus C 30/37	*013*	m²	**186,00**	181,00 190,00
		02	Kellerwände, Stahlbetonfertigteile, D = 15 cm, aus C 35/45	*013*	m²	**192,00**	182,00 200,00
		11	Kellerwände, Stahlbetonfertigteile, D = 20 cm, aus C 30/37	*013*	m²	**208,00**	203,00 213,00
		12	Kellerwände, Stahlbetonfertigteile, D = 20 cm, aus C 35/45	*013*	m²	**214,00**	209,00 220,00
	03		**Beton-Kellerwände, Dreischichtsystem mit beidseitiger Filigranplatte als Fertigteil und Ortbeton - Verguss, oberflächenfertig, Montagegeräte eingerechnet**				
		01	Kellerwände, Stahlbetonfertigteile mit Verguss, D = 5 / 10 / 5 = 20 cm	*013*	m²	**192,00**	173,00 210,00
		02	Kellerwände, Stahlbetonfertigteile mit Verguss, D = 5 / 15 / 5 = 25 cm	*013*	m²	**200,00**	181,00 217,00

330

Preisstand III/2017 Index 117,2 (2010 = 100) inkl. MWSt: 19 %

DIN	AK	AA	Bauteiltext	LB	Einheit	Mittelpreis EUR	Preisspanne EUR
331	04		**Kellerwände aus Mauersteinen Hebezeuge und Hilfsgeräte eingerechnet, soweit erforderlich, ebenso Anlegen von Leeröffnungen, ohne Außenbekleidung**				
		01	Kellerwände, Beton-Hohlblocksteine, D = 24 cm	*012*	m²	**90,00**	85,00 96,00
		02	Kellerwände, Beton-Hohlblocksteine, D = 30 cm	*012*	m²	**112,00**	105,00 121,00
		11	Kellerwände, Kalksandloch-Blocksteine 10 DF, D = 24 cm	*012*	m²	**82,00**	75,00 92,00
		12	Kellerwände, Kalksandloch-Blocksteine 10 DF, D = 30 cm	*012*	m²	**106,00**	99,00 115,00
		21	Kellerwände, Kalksand-Planelemente, D = 24 cm	*012*	m²	**79,00**	74,00 87,00
		22	Kellerwände, Kalksand-Planelemente, D = 30 cm	*012*	m²	**90,00**	83,00 99,00
	11		**Einschalige Außenwände über Erdreich, D = 30 cm unter Einhaltung der Anforderungen nach der Wärmeschutzverordnung, Anlegen von Leeröffnungen anteilig eingerechnet, ohne Außenbekleidung**				
		01	Außenwände, Gasbeton-Blocksteine, D = 30 cm, Dämm-Mörtel	*012*	m²	**116,00**	111,00 126,00
		02	Außenwände, Gasbeton-Planelemente, D = 30 cm, Dünnbett	*012*	m²	**104,00**	98,00 109,00
		11	Außenwände, Porenziegel-Lochsteine, D = 30 cm, Dämm-Mörtel	*012*	m²	**128,00**	122,00 140,00
		21	Außenwände, Polistyrol-Montagegestell, D = 30 cm, Betonverguss	*012*	m²	**140,00**	131,00 146,00
		22	Außenwände, Leichtbeton-Sandwichstein, D = 30 cm	*012*	m²	**130,00**	122,00 136,00
		31	Außenwände, Leichtlehmwand mit Füllstoffen, D = 30 cm	*012*	m²	**260,00**	240,00 301,00
		21	Außenwände, Polistyrol-Montagegestell, D = 30 cm, Betonverguss	*012*	m²	**140,00**	131,00 146,00
		22	Außenwände, Leichtbeton-Sandwichstein, D = 30 cm	*012*	m²	**130,00**	122,00 136,00
		31	Außenwände, Leichtlehmwand mit Füllstoffen, D = 30 cm	*012*	m²	**260,00**	240,00 301,00

Preisstand III/2017 Index 117,2 (2010 = 100) inkl. MWSt: 19 %

DIN	AK	AA	Bauteiltext	LB	Einheit	Mittelpreis EUR	Preisspanne EUR
331	12		**Einschalige Außenwände über Erdreich, D = 36,5 cm unter Einhaltung der Anforderungen nach der EnEV 2009, evtl. mit weiteren erforderlichen Maßnahmen, Anlegen von Leeröffnungen anteilig eingerechnet, ohne Außenbekleidung**				
		01	Außenwände, Gasbeton-Blocksteine, D = 36,5 cm, Dämm-Mörtel	*012*	m²	**140,00**	134,00 152,00
		02	Außenwände, Gasbeton-Planelemente, D = 36,5 cm, Dünnbett	*012*	m²	**116,00**	110,00 123,00
		11	Außenwände, Porenziegel-Lochsteine, D = 36,5 cm, Dämm-Mörtel	*012*	m²	**144,00**	135,00 154,00
		21	Außenwände, Polistyrol-Montagegestell, D = 36,5 cm, Betonverguss	*012*	m²	**154,00**	147,00 167,00
		22	Außenwände, Leichtbeton-Sandwichstein, D = 36,5 cm	*012*	m²	**136,00**	131,00 150,00
		31	Außenwände, Leichtlehmwand mit Füllstoffen, D = 36,5 cm	*012*	m²	**270,00**	253,00 308,00
	13		**Einschalige Außenwände über Erdreich, D = 49 cm unter Einhaltung der Anforderungen nach der EnEV 2009, evtl. mit weiteren erforderlichen Maßnahmen, Anlegen von Leeröffnungen anteilig eingerechnet, ohne Außenbekleidung**				
		01	Außenwände, Gasbeton-Blocksteine, D = 49 cm, Dämm-Mörtel	*012*	m²	**186,00**	177,00 209,00
		11	Außenwände, Porenziegel-Lochsteine, D = 49 cm, Dämm-Mörtel	*012*	m²	**178,00**	170,00 205,00
		31	Außenwände, Leichtlehmwand mit Füllstoffen, D = 49 cm	*012*	m²	**280,00**	260,00 329,00
	14		**Tragende Außenwand, D = 11,5 cm für zweischalige Wände als reine Tragkonstruktion hinter einer Vorsatzschale, Anlegen von Leeröffnungen anteilig eingerechnet, ohne Vorsatzschale**				
		01	Außenwände, Hochlochziegel 2 DF, D = 11,5 cm, Mörtelbett	*012*	m²	**75,00**	67,00 79,00
		11	Außenwände, Kalksand-Vollstein 2 DF, D = 11,5 cm, Mörtelbett	*012*	m²	**66,00**	61,00 73,00
		12	Außenwände, KS-Blockstein 5-6 DF, D = 11,5 cm, Mörtelbett	*012*	m²	**62,00**	58,00 69,00
		13	Außenwände, Kalksand-Planelemente, D = 11,5 cm, Dünnbett	*012*	m²	**59,00**	50,00 69,00

Preisstand III/2017 Index 117,2 (2010 = 100) inkl. MWSt: 19 %

DIN	AK	AA	Bauteiltext	LB	Einheit	Mittelpreis EUR	Preisspanne EUR
331	**15**		**Tragende Außenwand, D = 15,0 cm für zweischalige Wände hinter Vorsatzkonstruktion, Anlegen von Leeröffnungen anteilig eingerechnet, ohne Außenschale**				
		01	Außenwände, Kalksand-Planelemente, D = 15,0 cm, Dünnbett	*012*	m²	**67,00**	58,00 77,00
		11	Außenwände, Ortbeton C 20/25, D = 15,0 cm, bewehrt inkl. Schalung	*013*	m²	**162,00**	146,00 185,00
		12	Außenwände, Betonfertigteil C 30/37, D = 15,0 cm	*013*	m²	**186,00**	181,00 189,00
		13	Außenwände, Betonfertigteil C 35/45, D = 15,0 cm	*013*	m²	**192,00**	182,00 200,00
	16		**Tragende Außenwand, D = 17,5 cm für zweischalige Wände hinter Vorsatzkonstruktion, Anlegen von Leeröffnungen anteilig eingerechnet, ohne Außenschale**				
		01	Außenwände, Hochlochziegel 3 DF, D = 17,5 cm, Mörtelbett	*012*	m²	**96,00**	92,00 110,00
		02	Außenwände, Leichtbeton-Vollstein 3 DF, D = 17,5 cm, Mörtelbett	*012*	m²	**75,00**	71,00 83,00
		11	Außenwände, Kalksand-Lochstein 3 DF, D = 17,5 cm, Mörtelbett	*012*	m²	**75,00**	71,00 83,00
		12	Außenwände, KS-Blockstein 7,5 DF, D = 17,5 cm, Mörtelbett	*012*	m²	**78,00**	72,00 87,00
		13	Außenwände, Kalksand-Planelemente, D = 17,5 cm, Dünnbett	*012*	m²	**68,00**	61,00 79,00
		21	Außenwände, Ortbeton C 20/25, D = 17,5 cm, bewehrt inkl. Schalung	*013*	m²	**166,00**	154,00 189,00
		22	Außenwände, Betonfertigteil C 30/37, D = 17,5 cm	*013*	m²	**192,00**	179,00 202,00
		23	Außenwände, Betonfertigteil C 35/45, D = 17,5 cm	*013*	m²	**198,00**	184,00 214,00

DIN	AK	AA	Bauteiltext	LB	Einheit	Mittelpreis EUR	Preisspanne EUR
331	17		**Tragende Außenwand, D = 24 cm für zweischalige Wände hinter Vorsatzkonstruktion, Anlegen von Leeröffnungen anteilig eingerechnet, ohne Außenschale**				
		01	Außenwände, Hochlochziegel 4 DF, D = 24 cm, Mörtelbett	*012*	m²	**104,00**	96,00 114,00
		02	Außenwände, Leichtbeton-Vollstein 5-6 DF, D = 24 cm, Mörtelbett	*012*	m²	**79,00**	70,00 89,00
		03	Außenwände, Kalksand-Lochstein 5 DF, D = 24 cm, Mörtelbett	*012*	m²	**89,00**	83,00 100,00
		11	Außenwände, KSL-Blockstein 10+12 DF, D = 24 cm, Mörtelbett	*012*	m²	**86,00**	78,00 96,00
		12	Außenwände, Leichtbeton-Vollstein 8 DF, D = 24 cm, Mörtelbett	*012*	m²	**79,00**	72,00 89,00
		13	Außenwände, Kalksand-Planelemente, D = 24 cm, Dünnbett	*012*	m²	**79,00**	72,00 88,00
		21	Außenwände, Ortbeton C 20/25, D = 24 cm, bewehrt inkl. Schalung	*013*	m²	**176,00**	162,00 188,00
		22	Außenwände, Betonfertigteil C 30/37, D = 24 cm	*013*	m²	**200,00**	187,00 214,00
		23	Außenwände, Betonfertigteil C 35/45, D = 24 cm	*013*	m²	**208,00**	192,00 217,00
	21		**Beton-Ringbalken zur Aussteifung und Sicherung von tragenden Außenwänden, einschl. zweiseitiger Schalung und Bewehrung, H = ca. 25 cm**				
		01	Beton-Ringbalken für 11,5 cm Wand	*013*	m	**62,00**	58,00 68,00
		02	Beton-Ringbalken für 17,5 cm Wand	*013*	m	**71,00**	64,00 76,00
		03	Beton-Ringbalken für 24,0 cm Wand	*013*	m	**78,00**	68,00 83,00
		04	Beton-Ringbalken für 30,0 cm Wand	*013*	m	**81,00**	72,00 87,00
		05	Beton-Ringbalken für 36,5 cm Wand	*013*	m	**86,00**	75,00 91,00

Preisstand III/2017 Index 117,2 (2010 = 100) inkl. MWSt: 19 %

DIN	AK	AA	Bauteiltext	LB	Einheit	Mittelpreis EUR	Preisspanne EUR
331	**22**		**Armierte Trogsteine in Mauerwerk zur Aussteifung und Sicherung von tragenden Außenwänden, einschl. Stahleinlagen und Betonverfüllung, H = ca. 25 cm**				
		01	armierte Trogsteine für 11,5 cm Wand	*012*	m	**64,00**	57,00 70,00
		02	armierte Trogsteine für 15,0 cm Wand	*012*	m	**80,00**	71,00 87,00
		03	armierte Trogsteine für 17,5 cm Wand	*012*	m	**83,00**	72,00 88,00
		04	armierte Trogsteine für 24,0 cm Wand	*012*	m	**96,00**	87,00 102,00

Hinweise für kostensparende Lösungen

- Bei Vormauerungen und Verblendungen sollten kostengünstige, großformatige Mauersteine verwendet werden. Eine ansprechende Gestaltung ist auch über Fassadenaufteilung zu erzielen.
- Zierelemente wie Mauervorlagen, Rücksprünge und Lisenen erfordern zusätzlichen Aufwand.
- Rollschichten als Sturzüberdeckungen können als vorgefertigte Elemente eingebaut werden.
- Der Verzicht auf eine Luftschicht zwischen Verblendung und Wärmedämmung bei zweischaligem Mauerwerk kann zusätzliche Wohnfläche schaffen oder die erforderliche Grundstücksfläche verringern.
- Nichttragende Hintermauerungen hinter Verblendungen können in 11,5 cm Dicke ausgeführt werden.
- Bei Anordnung eines Wärmedämmverbundsystems ist eine Hintermauerung von mindestens 15 cm Dicke erforderlich.
- Bei nichttragenden Hintermauerungen muss der Mindestquerschnitt von Wandteilen 400 cm^2 betragen, das bedeutet, dass 11,5er Wände in Breiten unter 35 cm, 15er Wände in Breiten unter 30 cm und 17,5er Wände in Breiten unter 24 cm jeweils entsprechend als Pfeiler aufgedickt werden müssen.

  Eine zuverlässige Planung unter Einhaltung der geforderten Mindest-Wandbreiten kann diese zusätzlichen Wandvorlagen vermeiden, die neben Mehrkosten oft auch Nutzungsmängel mit sich bringen (Möblierungsprobleme durch Mauerecken).

DIN	AK	AA	Bauteiltext	LB	Einheit	Mittelpreis EUR	Preisspanne EUR
332	01		**Vormauerungen als Verblendung bei zweischaligem Mauerwerk, 1/2 Stein dick, einschl. aller Nebenleistungen, Einrüstung, Sichtverfugung, Verankerung, Anordnung von Dehnungsfugen, Lüftungssteinen, Auflagerung und aller Anschlüsse**				
		01	Vormauerungen einfach, Steinformat DF	*012*	m²	**158,00**	151,00 172,00
		02	Vormauerungen einfach, Steinformat NF	*012*	m²	**150,00**	141,00 165,00
		03	Vormauerungen einfach, Steinformat 2 DF	*012*	m²	**130,00**	124,00 143,00
		11	Vormauerungen gehoben, Steinformat DF	*012*	m²	**172,00**	166,00 192,00
		12	Vormauerungen gehoben, Steinformat NF	*012*	m²	**162,00**	150,00 172,00
		13	Vormauerungen gehoben, Steinformat 2 DF	*012*	m²	**144,00**	135,00 158,00
	11		**Hintermauerungen, D = 11,5 cm bei zweischaligem Mauerwerk oder vorgehängten Fassadenbekleidungen einschl. aller Nebenleistungen**				
		01	Hintermauerungen, Hochlochziegel 2 DF, D = 11,5 cm, Mörtelbett	*012*	m²	**79,00**	74,00 89,00
		02	Hintermauerungen, Leichtbeton-Vollsteine, D = 11,5 cm, Dünnbett	*012*	m²	**66,00**	60,00 74,00
		11	Hintermauerungen, KS-Lochstein 2 DF, D = 11,5 cm, Mörtelbett	*012*	m²	**66,00**	60,00 78,00
		12	Hintermauerungen, KS-Planelemente, D = 11,5 cm, Dünnbett	*012*	m²	**66,00**	60,00 76,00
	12		**Hintermauerungen, D = 15,0 cm bei Verbundsystemen mit außenseitigem Wärmedämm-Verbundsystem einschl. aller Nebenleistungen (Preis ohne W. D.-Verbundsystem)**				
		01	Hintermauerungen, KS-Planelemente, D = 15,0 cm, Dünnbett	*012*	m²	**71,00**	65,00 78,00

Preisstand III/2017 Index 117,2 (2010 = 100) inkl. MWSt: 19 %

DIN	AK	AA	Bauteiltext	LB	Einheit	Mittelpreis EUR	Preisspanne EUR
332	13		**Hintermauerungen, D = 17,5 cm bei Verbundsystemen mit außenseitigem Wärmedämm-Verbundsystem einschl. aller Nebenleistungen (Preis ohne W. D.-Verbundsystem)**				
		01	Hintermauerungen, Hochlochziegel 3 DF, D = 17,5 cm, Mörtelbett	*012*	m²	**97,00**	89,00 104,00
		02	Hintermauerungen, LB-Vollsteine 3 DF, D = 17,5 cm, Mörtelbett	*012*	m²	**72,00**	67,00 80,00
		11	Hintermauerungen, KS-Lochstein 3 DF, D = 17,5 cm, Mörtelbett	*012*	m²	**72,00**	67,00 82,00
		12	Hintermauerungen, KS-Planelemente, D = 17,5 cm, Dünnbett	*012*	m²	**72,00**	67,00 80,00
	21		**Holzrahmenverbundelemente D = 30 cm, als nichttragende Ausfachungen in Holzkonstruktion, auch in Verbindung mit Fenstern und Türen einschl. Windfolie, 20 cm Wärmedämmung und GKB-Bekleidung innen, fertige Oberflächenbehandlung, mit allen notwendigen Befestigungsteilen**				
		01	Holzrahmen, Holzbekleidung NF, einfach	*903*	m²	**226,00**	218,00 231,00
		02	Holzrahmen, Holzbekleidung NF, gehoben	*903*	m²	**226,00**	219,00 234,00
		11	Holzrahmen, Faserzementbekleidung, einfach	*903*	m²	**250,00**	243,00 259,00
		12	Holzrahmen, Faserzementbekleidung, gehoben	*903*	m²	**285,00**	273,00 297,00
		13	Holzrahmen, Putzbekleidung, 2-lagig, Putzträger	*903*	m²	**226,00**	209,00 244,00
	22		**Holzrahmenverbundelemente D = 35 cm, als nichttragende Ausfachungen in Holzkonstruktion, auch in Verbindung mit Fenstern und Türen einschl. Windfolie, 25 cm Wärmedämmung und GKB-Bekleidung innen, fertige Oberflächenbehandlung, mit allen notwendigen Befestigungsteilen**				
		01	Holzrahmen, Holzbekleidung NF, einfach	*903*	m²	**238,00**	234,00 242,00
		02	Holzrahmen, Holzbekleidung NF, gehoben	*903*	m²	**260,00**	258,00 266,00
		11	Holzrahmen, Faserzementbekleidung, einfach	*903*	m²	**275,00**	267,00 282,00
		12	Holzrahmen, Faserzementbekleidung, gehoben	*903*	m²	**310,00**	293,00 324,00
		13	Holzrahmen, Putzbekleidung, 2-lagig, Putzträger	*903*	m²	**238,00**	222,00 254,00

Hinweise für kostensparende Lösungen

- Durch gleichmäßige Auflasten und gleichmäßige Lastabtragung sollte bei der Planung von Mauerwerksbauten versucht werden, gesonderte Punktlasten zu vermeiden, die Stützen erforderlich machen können.
- Wandteile unter 1000 cm^2 Querschnitt sind nach DIN 1053 Teil II als Pfeiler einzustufen.

Weiterhin wird für Pfeiler ein Mindestquerschnitt von 400 cm^2 gefordert. Damit müssen tragende Wandteile, die dieses Mindestmaß unterschreiten, zusätzlich aufgedickt werden.

Bei Beachtung der Mindestbreiten von Pfeilermauerwerk ergeben sich so Mindestbreiten von Pfeilern

B = 35 cm bei 11,5er Wänden

B = 30 cm bei 15er Wänden

B = 24 cm bei 17,5er Wänden

B = 17,5 cm bei 24er Wänden

Diese Kosten der zusätzlichen Querschnittserhöhung, die oft Nutzungsprobleme (Möblierungen) mit sich bringt, sind einzusparen.

DIN	AK	AA	Bauteiltext	LB	Einheit	Mittelpreis EUR	Preisspanne EUR
333	01		**Verstärkung Mauerwerk D = 11,5/17,5 cm, ohne zusätzliche Punktlasten bei Unterschreitung des Pfeilermindest-Querschnittes, Ausführung in erhöhter Tragfestigkeit mit 2,5-facher Sicherheit**				
		01	Vorlagen, B = 17,5 x 24 cm, Hochlochziegel 2 DF	*012*	m	**25,00**	23,00 26,00
		02	Vorlagen, B = 17,5 x 24 cm, KS-Vollstein 2 DF	*012*	m	**22,00**	19,00 22,00
		03	Vorlagen, B = 17,5 x 24 cm, KS-Planelemente	*012*	m	**29,00**	27,00 30,00
	11		**Beton-Außenstützen zur zusätzlichen Abtragung von Einzellasten, einschl. Schalung und Bewehrung sowie Ausbildung der Fußpunkte und Deckenanschlüsse**				
		01	Betonstützen, Q = ca. 60 x 12 cm	*013*	m	**148,00**	144,00 151,00
		02	Betonstützen, Q = ca. 20 x 20 cm	*013*	m	**104,00**	101,00 106,00
		03	Betonstützen, Q = ca. 24 x 24 cm	*013*	m	**114,00**	110,00 118,00
	12		**Stahl-Außenstützen zur zusätzlichen Abtragung von Einzellasten, einschl. Ausbildung der Fußpunkte, Deckenanschlüsse**				
		01	Walzprofil-Stahlstützen bis IPBL 100	*017*	m	**71,00**	65,00 74,00
		02	Walzprofil-Stahlstützen bis IPBL 160	*017*	m	**142,00**	136,00 153,00
		03	Walzprofil-Stahlstützen bis IPBL 200	*017*	m	**180,00**	168,00 205,00
		11	Hohlprofil-Stahlstützen bis Q-Rohr 100	*017*	m	**53,00**	49,00 60,00
		12	Hohlprofil-Stahlstützen bis Q-Rohr 160	*017*	m	**79,00**	74,00 86,00
		13	Hohlprofil-Stahlstützen bis Q-Rohr 200	*017*	m	**118,00**	113,00 127,00

Hinweise für kostensparende Lösungen

- Beschränkung von Fensterflächen auf das für die Gestaltung und Belichtung erforderliche Mindestmaß. Fensterflächen sind teurer als Wandflächen.
- Verzicht auf komplizierte Fensterformen mit Rundbögen und Dreiecken.
- Die Planung feststehender Verglasungen mit nur einem Lüftungsflügel senkt die Elementkosten.
- Der Verzicht auf mehrflügelige Fenster zugunsten einflügeliger Lösungen spart 15 % bis 25 % an Kosten je m^2 Fensterfläche.
- Gestalterisch erforderliche Fensterteilungen können über feststehende Rahmenprofile in einflügeligen Fenstern erreicht werden.
- Bei Fenster-/Türelementen reicht eine Dreh-/Kipp-Fenstertüre aus. Die Seitenteile sollten als feststehende Verglasung ausgeführt werden.
- Verglaste Hauseingangstüren ersparen ein zusätzliches Fenster zur Belichtung der Diele.
- Die Anordnung von Rollläden sollte evtl. nur im Erdgeschoss erfolgen.
- Lediglich Vorrichten von Rollläden als Nachausstattungsmöglichkeit durch Einbau tragender Rollladenkästen, die gleichzeitig als Sturzüberdeckung dienen, kann die Baukosten senken.
- Verzicht auf Hebe-/Schiebetüranlagen bei Terrassenaustritten zugunsten von Fenstertüren mit Dreh-/Kippbeschlag führt zu Einsparungen.

Hinweis zur Anwendung des Bauteilkataloges

- *Es wird von rechteckigen Fenstern für die Preiskalkulation ausgegangen, weil andersformatige Fenster teurer sind (Trapeze, Dreiecke).*
- *Für Bögen, Sprossen usw. können in einer gesonderten Position Zuschläge auf die Grundbauteile berechnet werden.*
- *Fenster-/Türelemente oder Kombinationen mit feststehenden Teilen müssen aus den entsprechenden Einzelbauteilen zusammengesetzt werden.*
- *In derartigen Fällen kann auf den berechneten Gesamtpreis ein Abschlag von 10 % bis 15 % erfolgen.*

DIN	AK	AA	Bauteiltext	LB	Einheit	Mittelpreis EUR	Preisspanne EUR
334	01		**Nadelholzfenster U-Wert = 1,3, bestehend aus Blendrahmen und Fensterflügeln, Isolierverglasung 4 x 12 x 4 mm, einschl. Dreh-/Kippbeschlägen, dauerelastischer Versiegelung, mit fertiger Oberflächenbehandlung**				
		01	Nadelholzfenster, einflg., Größe bis 0,5 m²	*901*	m²	**660,00**	631,00 681,00
		02	Nadelholzfenster, einflg., Größe 0,5-1,0 m²	*901*	m²	**370,00**	358,00 393,00
		03	Nadelholzfenster, einflg., Größe 1,0-2,0 m²	*901*	m²	**345,00**	329,00 364,00
		11	Nadelholzfenster, mehrflg., Größe bis 1,0 m²	*901*	m²	**440,00**	426,00 461,00
		12	Nadelholzfenster, mehrflg., Größe 1,0-2,0 m²	*901*	m²	**405,00**	398,00 426,00
		13	Nadelholzfenster, mehrflg., Größe über 2,0 m²	*901*	m²	**380,00**	363,00 391,00
	02		**Nadelholzfenster U-Wert = 0,8, bestehend aus thermisch getrennten Blendrahmen und Fensterflügeln, 3-fach Isolierverglasung 4 x 12 x 4 x 10 x 4 mm, einschl. Dreh-/Kippbeschlägen, dauerelastischer Versiegelung, mit fertiger Oberflächenbehandlung**				
		01	Nadelholzfenster, einflg., Größe bis 0,5 m²	*901*	m²	**775,00**	739,00 796,00
		02	Nadelholzfenster, einflg., Größe 0,5-1,0 m²	*901*	m²	**455,00**	437,00 480,00
		03	Nadelholzfenster, einflg., Größe 1,0-2,0 m²	*901*	m²	**430,00**	411,00 455,00
		11	Nadelholzfenster, mehrflg., Größe bis 1,0 m²	*901*	m²	**525,00**	509,00 551,00
		12	Nadelholzfenster, mehrflg., Größe 1,0-2,0 m²	*901*	m²	**490,00**	482,00 516,00
		13	Nadelholzfenster, mehrflg., Größe über 2,0 m²	*901*	m²	**525,00**	505,00 544,00

Preisstand III/2017 Index 117,2 (2010 = 100) inkl. MWSt: 19 %

DIN	AK	AA	Bauteiltext	LB	Einheit	Mittelpreis EUR	Preisspanne EUR
334	**11**		**Edelholzfenster** **U-Wert = 1,3, bestehend aus Blendrahmen und Fensterflügeln, Isolierverglasung 4 x 12 x 4 mm, einschl. Dreh-/Kippbeschlägen, dauerelastischer Versiegelung, mit fertiger Oberflächenbehandlung**				
		01	Edelholzfenster, einflg., Größe bis 0,5 m²	*901*	m²	**705,00**	689,00 724,00
		02	Edelholzfenster, einflg., Größe 0,5-1,0 m²	*901*	m²	**435,00**	415,00 438,00
		03	Edelholzfenster, einflg., Größe 1,0-2,0 m²	*901*	m²	**390,00**	380,00 398,00
		11	Edelholzfenster, mehrflg., Größe bis 1,0 m²	*901*	m²	**490,00**	470,00 506,00
		12	Edelholzfenster, mehrflg., Größe 1,0-2,0 m²	*901*	m²	**470,00**	455,00 479,00
		13	Edelholzfenster, mehrflg., Größe über 2,0 m²	*901*	m²	**440,00**	422,00 445,00
	12		**Edelholzfenster** **U-Wert = 0,8, bestehend aus thermisch getrennten Blendrahmen und Fensterflügeln, 3-fach Isolierverglasung 4 x 12 x 4 x 10 x 4 mm, einschl. Dreh-/Kippbeschlägen, dauerelastischer Versiegelung, mit fertiger Oberflächenbehandlung**				
		01	Edelholzfenster, einflg., Größe bis 0,5 m²	*901*	m²	**820,00**	802,00 843,00
		02	Edelholzfenster, einflg., Größe 0,5-1,0 m²	*901*	m²	**520,00**	496,00 524,00
		03	Edelholzfenster, einflg., Größe 1,0-2,0 m²	*901*	m²	**475,00**	465,00 486,00
		11	Edelholzfenster, mehrflg., Größe bis 1,0 m²	*901*	m²	**580,00**	552,00 594,00
		12	Edelholzfenster, mehrflg., Größe 1,0-2,0 m²	*901*	m²	**555,00**	539,00 566,00
		13	Edelholzfenster, mehrflg., Größe über 2,0 m²	*901*	m²	**590,00**	562,00 593,00

DIN	AK	AA	Bauteiltext	LB	Einheit	Mittelpreis EUR	Preisspanne EUR
334	**13**		**Edelholzschallschutzfenster U-Wert = 1,3, bestehend aus Blendrahmen und Fensterflügeln, Schallschutzverglasung, zusätzlicher Dichtung, Dauerlüftungsvorrichtung bei geschlossenem Fenster, Dreh-/Kippbeschläge, dauerelastische Versiegelung, fertige Oberflächenbehandlung**				
		01	Edelholzschallschutzfenster, einflg., Größe bis 0,5 m²	*901*	m²	**780,00**	720,00 791,00
		02	Edelholzschallschutzfenster, einflg., Größe 0,5-1,0 m²	*901*	m²	**470,00**	454,00 495,00
		03	Edelholzschallschutzfenster, einflg., Größe 1,0-2,0 m²	*901*	m²	**435,00**	410,00 445,00
		11	Edelholzschallschutzfenster, mehrflg., Größe bis 1,0 m²	*901*	m²	**530,00**	498,00 558,00
		12	Edelholzschallschutzfenster, mehrflg., Größe 1,0-2,0 m²	*901*	m²	**490,00**	476,00 514,00
		13	Edelholzschallschutzfenster, mehrflg., Größe über 2,0 m²	*901*	m²	**470,00**	448,00 495,00
	14		**Edelholzschallschutzfenster U-Wert = 0,8, bestehend aus thermisch getrennten Blendrahmen und Fensterflügeln, 3-fach Schallschutzverglasung, zusätzlicher Dichtung, Dauerlüftungsvorrichtung bei geschlossenem Fenster, Dreh-/Kippbeschläge, dauerelastische Versiegelung, fertige Oberflächenbehandlung**				
		01	Edelholzschallschutzfenster, einflg., Größe bis 0,5 m²	*901*	m²	**855,00**	790,00 867,00
		02	Edelholzschallschutzfenster, einflg., Größe 0,5-1,0 m²	*901*	m²	**550,00**	533,00 581,00
		03	Edelholzschallschutzfenster, einflg., Größe 1,0-2,0 m²	*901*	m²	**515,00**	488,00 530,00
		11	Edelholzschallschutzfenster, mehrflg., Größe bis 1,0 m²	*901*	m²	**610,00**	574,00 643,00
		12	Edelholzschallschutzfenster, mehrflg., Größe 1,0-2,0 m²	*901*	m²	**570,00**	555,00 599,00
		13	Edelholzschallschutzfenster, mehrflg., Größe über 2,0 m²	*901*	m²	**550,00**	526,00 581,00

Preisstand III/2017 Index 117,2 (2010 = 100) inkl. MWSt: 19 %

DIN	AK	AA	Bauteiltext	LB	Einheit	Mittelpreis EUR	Preisspanne EUR
334	**21**		**Kunststofffenster U-Wert = 1,1, bestehend aus Blendrahmen und Fensterflügeln, Isolierverglasung mit 4 x 12 x 4 mm, Dreh-/Kippbeschlägen, dauerelastischer Versiegelung**				
		01	Kunststofffenster, einflg., Größe bis 0,5 m²	*901*	m²	**610,00**	541,00 682,00
		02	Kunststofffenster, einflg., Größe 0,5-1,0 m²	*901*	m²	**330,00**	294,00 378,00
		03	Kunststofffenster, einflg., Größe 1,0-2,0 m²	*901*	m²	**290,00**	257,00 375,00
		11	Kunststofffenster, mehrflg., Größe bis 1,0 m²	*901*	m²	**390,00**	323,00 420,00
		12	Kunststofffenster, mehrflg., Größe 1,0-2,0 m²	*901*	m²	**315,00**	253,00 397,00
		13	Kunststofffenster, mehrflg., Größe über 2,0 m²	*901*	m²	**280,00**	246,00 363,00
	22		**Kunststofffenster U-Wert = 0,7, bestehend aus Blendrahmen und Fensterflügeln, 3-fach Isolierverglasung mit 4 x 12 x 4 x 10 x 4 mm, Dreh-/Kippbeschlägen, dauerelastischer Versiegelung**				
		01	Kunststofffenster, einflg., Größe bis 0,5 m²	*901*	m²	**685,00**	608,00 766,00
		02	Kunststofffenster, einflg., Größe 0,5-1,0 m²	*901*	m²	**410,00**	366,00 469,00
		03	Kunststofffenster, einflg., Größe 1,0-2,0 m²	*901*	m²	**365,00**	326,00 475,00
		11	Kunststofffenster, mehrflg., Größe bis 1,0 m²	*901*	m²	**470,00**	390,00 507,00
		12	Kunststofffenster, mehrflg., Größe 1,0-2,0 m²	*901*	m²	**405,00**	324,00 508,00
		13	Kunststofffenster, mehrflg., Größe über 2,0 m²	*901*	m²	**355,00**	309,00 455,00

DIN	AK	AA	Bauteiltext	LB	Einheit	Mittelpreis EUR	Preisspanne EUR
334	**23**		**Kunststoffschallschutzfenster U-Wert = 1,1 mit schallgedämmten Rahmen, bestehend aus Blendrahmen mit Fensterflügeln, Schallschutzverglasung, Zusätzlicher Dichtung, Dauerlüftungsvorrichtung bei geschlossenem Fenster, Dreh-/Kippbeschläge, dauerelastische Versiegelung**				
		01	Kunststoffschallschutzfenster, einflg., Größe bis 0,5 m²	*901*	m²	**645,00**	597,00 658,00
		02	Kunststoffschallschutzfenster, einflg., Größe 0,5-1,0 m²	*901*	m²	**350,00**	307,00 367,00
		03	Kunststoffschallschutzfenster, einflg., Größe 1,0-2,0 m²	*901*	m²	**320,00**	305,00 327,00
		11	Kunststoffschallschutzfenster, mehrflg., Größe bis 1,0 m²	*901*	m²	**410,00**	371,00 448,00
		12	Kunststoffschallschutzfenster, mehrflg., Größe 1,0-2,0 m²	*901*	m²	**370,00**	346,00 396,00
		13	Kunststoffschallschutzfenster, mehrflg., Größe über 2,0 m²	*901*	m²	**355,00**	318,00 374,00
	24		**Kunststoffschallschutzfenster U-Wert = 0,7 mit schallgedämmten Rahmen, bestehend aus Blendrahmen mit Fensterflügeln, 3-fach Schallschutzverglasung, Zusätzlicher Dichtung, Dauerlüftungsvorrichtung bei geschlossenem Fenster, Dreh-/Kippbeschläge, dauerelastische Versiegelung**				
		01	Kunststoffschallschutzfenster, einflg., Größe bis 0,5 m²	*901*	m²	**720,00**	667,00 734,00
		02	Kunststoffschallschutzfenster, einflg., Größe 0,5-1,0 m²	*901*	m²	**430,00**	379,00 453,00
		03	Kunststoffschallschutzfenster, einflg., Größe 1,0-2,0 m²	*901*	m²	**405,00**	382,00 410,00
		11	Kunststoffschallschutzfenster, mehrflg., Größe bis 1,0 m²	*901*	m²	**490,00**	444,00 536,00
		12	Kunststoffschallschutzfenster, mehrflg., Größe 1,0-2,0 m²	*901*	m²	**445,00**	416,00 476,00
		13	Kunststoffschallschutzfenster, mehrflg., Größe über 2,0 m²	*901*	m²	**435,00**	386,00 454,00

Preisstand III/2017 Index 117,2 (2010 = 100) inkl. MWSt: 19 %

DIN	AK	AA	Bauteiltext	LB	Einheit	Mittelpreis EUR	Preisspanne EUR
334	31		**Feststehende Verglasungen U-Wert = 1,1, in einer Blendrahmenkonstruktion, Isolierverglasung 4 x 12 x 4 mm, dauerelastische Versiegelung und Oberflächenbehandlung, Blendrahmenverglasung ohne Flügelrahmen**				
		01	Feststehende Verglasungen, Nadelholz, Größe bis 1,0 m²	*901*	m²	**305,00**	285,00 370,00
		02	Feststehende Verglasungen, Nadelholz, Größe 1,0-2,0 m²	*901*	m²	**270,00**	250,00 328,00
		03	Feststehende Verglasungen, Nadelholz, Größe über 2,0 m²	*901*	m²	**265,00**	243,00 278,00
		11	Feststehende Verglasungen, Edelholz, Größe bis 1,0 m²	*901*	m²	**340,00**	324,00 347,00
		12	Feststehende Verglasungen, Edelholz,Größe 1,0-2,0 m²	*901*	m²	**300,00**	289,00 306,00
		13	Feststehende Verglasungen, Edelholz,Größe über 2,0 m²	*901*	m²	**275,00**	268,00 280,00
		21	Feststehende Verglasungen, Kunststoff, Größe bis 1,0 m²	*901*	m²	**240,00**	233,00 244,00
		22	Feststehende Verglasungen, Kunststoff, Größe 1,0-2,0 m²	*901*	m²	**220,00**	214,00 220,00
		23	Feststehende Verglasungen, Kunststoff, Größe über 2,0 m²	*901*	m²	**198,00**	191,00 198,00
	32		**Feststehende Verglasungen U-Wert = 0,7, in einer Blendrahmenkonstruktion, Isolierverglasung 4 x 12 x 4 x 10 x 4 mm, dauerelastische Versiegelung und Oberflächenbehandlung, Blendrahmenverglasung ohne Flügelrahmen**				
		01	Feststehende Verglasungen, Nadelholz, Größe bis 1,0 m²	*901*	m²	**385,00**	357,00 463,00
		02	Feststehende Verglasungen, Nadelholz, Größe 1,0-2,0 m²	*901*	m²	**345,00**	317,00 416,00
		03	Feststehende Verglasungen, Nadelholz, Größe über 2,0 m²	*901*	m²	**335,00**	310,00 354,00
		11	Feststehende Verglasungen, Edelholz, Größe bis 1,0 m²	*901*	m²	**410,00**	390,00 418,00
		12	Feststehende Verglasungen, Edelholz,Größe 1,0-2,0 m²	*901*	m²	**370,00**	359,00 381,00
		13	Feststehende Verglasungen, Edelholz,Größe über 2,0 m²	*901*	m²	**350,00**	340,00 355,00
		21	Feststehende Verglasungen, Kunststoff, Größe bis 1,0 m²	*901*	m²	**315,00**	304,00 318,00
		22	Feststehende Verglasungen, Kunststoff, Größe 1,0-2,0 m²	*901*	m²	**285,00**	279,00 286,00
		23	Feststehende Verglasungen, Kunststoff, Größe über 2,0 m²	*901*	m²	**265,00**	255,00 264,00

DIN	AK	AA	Bauteiltext	LB	Einheit	Mittelpreis EUR	Preisspanne EUR
334	**33**		**Bögen als Sonderbauteile U-Wert = 1,1, für Außenfenster, Mehrkostenanteil zusätzlich zum jeweiligen Fensterpreis für Sonderrahmenprofil, Beschlag und Verglasung**				
		01	Bögen, feststehend, Größe bis 1,0 m²	*901*	m²	**168,00**	160,00 174,00
		02	Bögen, feststehend, Größe 1,0-2,0 m²	*901*	m²	**136,00**	132,00 139,00
		03	Bögen, feststehend, Größe über 2,0 m²	*901*	m²	**112,00**	108,00 115,00
		11	Bögen, DK-Flügel, Größe bis 1,0 m²	*901*	m²	**216,00**	209,00 223,00
		12	Bögen, DK-Flügel, Größe 1,0-2,0 m²	*901*	m²	**176,00**	174,00 181,00
		13	Bögen, DK-Flügel, Größe über 2,0 m²	*901*	m²	**150,00**	146,00 153,00
	34		**Bögen als Sonderbauteile U-Wert = 0,7, für Außenfenster mit 3fach-Isolierverglasung, Mehrkostenanteil zusätzlich zum jeweiligen Fensterpreis für Sonderrahmenprofil, Beschlag und Verglasung**				
		01	Bögen, feststehend, Größe bis 1,0 m²	*901*	m²	**236,00**	227,00 246,00
		02	Bögen, feststehend, Größe 1,0-2,0 m²	*901*	m²	**206,00**	200,00 211,00
		03	Bögen, feststehend, Größe über 2,0 m²	*901*	m²	**182,00**	176,00 187,00
		11	Bögen, DK-Flügel, Größe bis 1,0 m²	*901*	m²	**280,00**	273,00 291,00
		12	Bögen, DK-Flügel, Größe 1,0-2,0 m²	*901*	m²	**244,00**	241,00 251,00
		13	Bögen, DK-Flügel, Größe über 2,0 m²	*901*	m²	**220,00**	215,00 225,00
	41		**Sprossen als Sonderbauteile als aufgesetzte Profile auf die Verglasung, fertig montiert mit allen Anschlüssen**				
		01	Holzsprossen, einseitig aufgebracht	*901*	m	**22,50**	20,00 24,00
		02	Holzsprossen, zweiseitig aufgebracht	*901*	m	**44,00**	38,00 47,00
		11	Kunststoffsprossen, einseitig aufgebracht	*901*	m	**15,50**	12,00 18,00
		12	Kunststoffsprossen, zweiseitig aufgebracht	*901*	m	**31,00**	29,00 32,00

Preisstand III/2017 Index 117,2 (2010 = 100) inkl. MWSt: 19 %

DIN	AK	AA	Bauteiltext	LB	Einheit	Mittelpreis EUR	Preisspanne EUR
334	**42**		**Außenfensterbänke mit allen erforderlichen Nebenarbeiten, Befestigungsmitteln, Unterfüllung und dauerelastischer Versiegelung, in mittlerer Tiefe von 15-20 cm**				
		01	Zink-Außenfensterbänke	*901*	m	**49,00**	46,00 50,00
		02	Aluminium-Außenfensterbänke	*901*	m	**40,00**	38,00 41,00
		03	Faserzement-Außenfensterbänke	*901*	m	**51,00**	50,00 52,00
		11	Naturstein-Außenfensterbänke	*901*	m	**52,00**	50,00 55,00
		12	Keramik-Platten-Außenfensterbänke	*024*	m	**50,00**	46,00 52,00
		13	Außenfensterbänke als Rollschicht, verfugt	*012*	m	**36,00**	33,00 36,00
	43		**Innenfensterbänke mit allen erforderlichen Nebenarbeiten, Befestigungsmitteln, Unterfüllung, in mittlerer Tiefe von 15-20 cm**				
		01	Holz-Innenfensterbänke, Oberflächenbehandlung	*027*	m	**52,00**	50,00 55,00
		02	Innenfensterbänke aus kunststoffbesch. Spanplatte	*027*	m	**43,00**	40,00 44,00
		11	Naturstein-Innenfensterbänke	*014*	m	**50,00**	47,00 51,00
		12	Innenfensterbänke aus Keramik-Platten	*024*	m	**50,00**	47,00 51,00
		13	Innenfensterbänke als Rollschicht, verfugt	*012*	m	**32,00**	28,00 34,00

Preisstand III/2017 Index 117,2 (2010 = 100) inkl. MWSt: 19 %

DIN	AK	AA	Bauteiltext	LB	Einheit	Mittelpreis EUR	Preisspanne EUR
334	44		**Kellerfenster als Fertigteile mit tragender Zarge, Komplettbauteile mit Verglasung und Gittertüren**				
		01	Stahl-Kellerfenster, verzinkt, 0,5 x 0,5 m	*012*	St	**170,00**	158,00 186,00
		02	Stahl-Kellerfenster, verzinkt, 0,5 x 1,0 m	*012*	St	**238,00**	230,00 246,00
		03	Stahl-Kellerfenster, verzinkt, 1,0 x 1,0 m	*012*	St	**320,00**	301,00 333,00
		11	Kunststoff-Kellerfenster, 0,5 x 0,5 m, Kunststoffzarge	*027*	St	**222,00**	209,00 236,00
		12	Kunststoff-Kellerfenster, 0,5 x 1,0 m, Kunststoffzarge	*027*	St	**335,00**	322,00 349,00
		13	Kunststoff-Kellerfenster, 1,0 x 1,0 m, Kunststoffzarge	*027*	St	**430,00**	415,00 449,00
		21	Stahl- oder KS-Kellerfenster, 0,5 x 0,5 m, Betonzarge	*013*	St	**270,00**	257,00 283,00
		22	Stahl- oder KS-Kellerfenster, 0,5 x 1,0 m, Betonzarge	*013*	St	**320,00**	299,00 336,00
		23	Stahl- oder KS-Kellerfenster, 1,0 x 1,0 m, Betonzarge	*013*	St	**445,00**	421,00 467,00
	51		**Fenstertüren als Rahmentüren mit Isolierverglasung 4 x 12 x 4 mm, mit Dreh-/Kippbeschlägen, dauerelastischer Versiegelung, Oberflächenbehandlung, Größe 2,0 bis 3,0 m²**				
		01	Nadelholz-Fenstertüren U-Wert 1,3	*901*	m²	**450,00**	441,00 463,00
		02	Edelholz-Fenstertüren U-Wert 1,3	*901*	m²	**495,00**	479,00 515,00
		03	Kunststoff-Fenstertüren U-Wert 1,1	*901*	m²	**380,00**	374,00 396,00
	52		**Fenstertüren als Rahmentüren mit 3-fach Isolierverglasung 4 x 12 x 4 x 10 x 4 mm, mit Dreh-/Kippbeschlägen, dauerelastischer Versiegelung, Oberflächenbehandlung, Größe 2,0 bis 3,0 m²**				
		01	Nadelholz-Fenstertüren U-Wert 0,8	*901*	m²	**530,00**	518,00 544,00
		02	Edelholz-Fenstertüren U-Wert 0,8	*901*	m²	**575,00**	556,00 598,00
		03	Kunststoff-Fenstertüren U-Wert 0,7	*901*	m²	**460,00**	453,00 479,00

Preisstand III/2017 Index 117,2 (2010 = 100) inkl. MWSt: 19 %

DIN	AK	AA	Bauteiltext	LB	Einheit	Mittelpreis EUR	Preisspanne EUR
334	53		**Schallschutz-Fenstertüren als Rahmentüren mit Schallschutzverglasung, zusätzlicher Dichtung, Dauerlüftungsvorrichtung bei geschlossener Türe, Dreh-/Kippbeschlägen, dauerelastischer Versiegelung, Oberflächenbehandlung**				
		01	Nadelholz-Schallschutz-Fenstertüren U-Wert 1,3	*901*	m²	**475,00**	424,00 492,00
		02	Edelholz-Schallschutz-Fenstertüren U-Wert 1,3	*901*	m²	**540,00**	504,00 561,00
		03	Kunststoff-Schallschutz-Fenstertüren U-Wert 1,1	*901*	m²	**530,00**	493,00 566,00
	54		**Schallschutz-Fenstertüren als Rahmentüren mit 3-fach Schallschutzverglasung, zusätzlicher Dichtung, Dauerlüftungsvorrichtung bei geschlossener Türe, Dreh-/Kippbeschlägen, dauerelastischer Versiegelung, Oberflächenbehandlung**				
		01	Nadelholz-Schallschutz-Fenstertüren U-Wert 0,8	*901*	m²	**555,00**	497,00 576,00
		02	Edelholz-Schallschutz-Fenstertüren U-Wert 0,8	*901*	m²	**620,00**	580,00 646,00
		03	Kunststoff-Schallschutz-Fenstertüren U-Wert 0,7	*901*	m²	**605,00**	565,00 647,00
	55		**Schiebetüranlagen als großflächige Terrassenaustritte, voll verglast, mit Isolierglas 4 x 12 x 4 mm, mit allen Befestigungsteilen und Beschlägen, dauerelastischer Versiegelung, Oberflächenbehandlung**				
		01	Holz-Hebe-/Schiebetüren U-Wert 1,3	*901*	m²	**565,00**	516,00 583,00
		02	Holz-Hebe-/Kipp-/Schiebetüren U-Wert 1,3	*901*	m²	**630,00**	609,00 648,00
		11	Kunststoff-Hebe-/Schiebetüren U-Wert 1,1	*901*	m²	**515,00**	496,00 534,00
		12	Kunststoff-Hebe-/Kipp-/Schiebetüren U-Wert 1,1	*901*	m²	**525,00**	510,00 542,00

Preisstand III/2017 Index 117,2 (2010 = 100) inkl. MWSt: 19 %

DIN	AK	AA	Bauteiltext	LB	Einheit	Mittelpreis EUR	Preisspanne EUR
334	**56**		**Schiebetüranlagen als großflächige Terrassenaustritte, voll verglast, mit 3-fach Isolierglas 4 x 12 x 4 x 10 x 4 mm, mit allen Befestigungsteilen und Beschlägen, dauerelastischer Versiegelung, Oberflächenbehandlung**				
		01	Holz-Hebe-/Schiebetüren U-Wert 0,8	*901*	m²	**645,00**	587,00 663,00
		02	Holz-Hebe-/Kipp-/Schiebetüren U-Wert 0,8	*901*	m²	**705,00**	682,00 726,00
		11	Kunststoff-Hebe-/Schiebetüren U-Wert 0,7	*901*	m²	**600,00**	582,00 627,00
		12	Kunststoff-Hebe-/Kipp-/Schiebetüren U-Wert 0,7	*901*	m²	**615,00**	595,00 633,00
	61		**Hauseingangstüren als Rahmentüren mit Sicherheitsschloss, Briefeinwurfschlitz, komplette Versiegelung, Oberflächenbehandlung, Wärmedämmung, Größe ca. 2,2 m²**				
		01	Nadelholz-Hauseingangstüren, Verbretterung U-Wert 1,3	*902*	St	**1.575,00**	1.485,00 1.611,00
		02	Nadelholz-Hauseingangstüren, Iso-Sicherheitsglas U-Wert 1,3	*902*	St	**1.825,00**	1.737,00 1.863,00
		11	Edelholz-Hauseingangstüren, Verbretterung U-Wert 1,3	*902*	St	**1.825,00**	1.719,00 1.851,00
		12	Edelholz-Hauseingangstüren, Iso-Sicherheitsglas U-Wert 1,3	*902*	St	**1.975,00**	1.969,00 2.037,00
		21	Kunststoff-Hauseingangstüren, geschlossen U-Wert 1,1	*902*	St	**1.350,00**	1.313,00 1.374,00
		22	Kunststoff-Hauseingangstüren, Iso-Sicherheitsglas U-Wert 1,1	*902*	St	**1.550,00**	1.526,00 1.587,00
	62		**Hauseingangstüren als Rahmentüren mit Sicherheitsschloss, 3-fach Verglasung, Briefeinwurfschlitz, komplette Versiegelung, Oberflächenbehandlung, Wärmedämmung, Größe ca. 2,2 m²**				
		01	Nadelholz-Hauseingangstüren, Verbretterung U-Wert 0,8	*902*	St	**1.650,00**	1.565,00 1.697,00
		02	Nadelholz-Hauseingangstüren, Iso-Sicherheitsglas U-Wert 0,8	*902*	St	**1.900,00**	1.818,00 1.950,00
		11	Edelholz-Hauseingangstüren, Verbretterung U-Wert 0,8	*902*	St	**1.925,00**	1.802,00 1.940,00
		12	Edelholz-Hauseingangstüren, Iso-Sicherheitsglas U-Wert 0,8	*902*	St	**2.050,00**	1.894,00 2.115,00
		21	Kunststoff-Hauseingangstüren, geschlossen U-Wert 0,7	*902*	St	**1.450,00**	1.403,00 1.468,00
		22	Kunststoff-Hauseingangstüren, Iso-Sicherheitsglas U-Wert 0,7	*902*	St	**1.625,00**	1.601,00 1.665,00

Preisstand III/2017 Index 117,2 (2010 = 100) inkl. MWSt: 19 %

DIN	AK	AA	Bauteiltext	LB	Einheit	Mittelpreis EUR	Preisspanne EUR
334	63		**Hauseingangstüranlagen bestehend aus einer Rahmentüre mit Sicherheitsschloss, Größe ca. 2,2 m², sowie zusätzlichen, feststehenden Seitenteilen oder Oberlichtern, mit Wärmedämmung, Briefeinwurfschlitz, Beschlägen, dauerelastischer Abdichtung, Oberflächenbehandlung**				
		01	Nadelholz-Hauseingangstüranlagen, Türe verbrettert, U-Wert 1,3	*902*	m²	**810,00**	774,00 824,00
		02	Nadelholz-Hauseingangstüranlagen, Türe Iso-Sicherheitsglas, U-Wert 1,3	*902*	m²	**915,00**	878,00 941,00
		11	Edelholz-Hauseingangstüranlagen, Türe verbrettert, U-Wert 1,3	*902*	m²	**915,00**	872,00 939,00
		12	Edelholz-Hauseingangstüranlagen, Türe Iso-Sicherheitsglas, U-Wert 1,3	*902*	m²	**1.050,00**	992,00 1.078,00
		21	Kunststoff-Hauseingangstüranlagen, Türe geschlossen, U-Wert 1,1	*902*	m²	**715,00**	696,00 732,00
		22	Kunststoff-Hauseingangstüranlagen, Türe Iso-Sicherheitsglas, U-Wert 1,1	*902*	m²	**820,00**	787,00 836,00
	64		**Keller-Außentüren mit Sicherheitsschloss und Beschlägen, dauerelastischer Versiegelung, Oberflächenbehandlung, Größe ca. 2,0 m²**				
		01	Nadelholz-Keller-Außentüren	*027*	St	**1.175,00**	1.144,00 1.193,00
		02	Edelholz-Keller-Außentüren	*027*	St	**1.525,00**	1.473,00 1.545,00
		11	Kunststoff-Keller-Außentüren	*027*	St	**1.100,00**	1.049,00 1.130,00
		21	Stahl-Keller-Außentüren	*031*	St	**380,00**	370,00 394,00
		22	Zinkstahl-Keller-Außentüren	*031*	St	**280,00**	267,00 283,00
	71		**Garagentore als Normtore in Standardgröße von ca. 2,12 x 2,50 m, mit allen Befestigungsteilen und Beschlägen, Oberflächenbehandlung**				
		01	Stahlblech-Garagen-Schwingtor	*031*	St	**655,00**	641,00 673,00
		02	Garagen-Schwingtor mit Holzfüllung	*031*	St	**1.100,00**	1.019,00 1.164,00
		21	zweifl. Garagentor in Nadelholz	*027*	St	**2.450,00**	2.394,00 2.534,00
		22	zweifl. Garagentor in Edelholz	*027*	St	**3.475,00**	3.404,00 3.551,00

Preisstand III/2017 Index 117,2 (2010 = 100) inkl. MWSt: 19 %

Hinweise für kostensparende Lösungen

- Einschalige Außenwände mit einer Wandbekleidung als Verbundsystem (z.B. Putz oder Wärmedämm-Verbundsystem) sind kostengünstiger als zweischalige Systeme mit Vormauerung oder hinterlüfteter Bekleidung und können zusätzlich geringere Dicke aufweisen.
- Bei Kelleraußenwänden in Sperrbeton kann bei untergeordneter Kellernutzung auf zusätzliche Außenabdichtung verzichtet werden.
- Bei glattem Kelleraußenmauerwerk (z.B. Planelemente) ist Aufbringen einer Schweißbahn ohne Unterputz oft kostengünstiger als ein Sperrputz mit Bitumenanstrich und bietet einen besseren Feuchteschutz.
- An die Außenwände von oberirdischen Kellerersatzräumen können geringere Wärmeschutzanforderungen gestellt werden, sie sind damit kostengünstiger herzustellen.
- Drainagewasser darf in der Regel nicht in das öffentliche Kanalnetz eingespeist werden. Die Konstruktionen und Details sind darauf abzustellen.

DIN	AK	AA	Bauteiltext	LB	Einheit	Mittelpreis EUR	Preisspanne EUR
335	**01**		**Kellerabdichtung außen gegen Erdreich bei nichtdrückendem Wasser, auf Beton- oder Mauerwerkswänden, einschl. der erforderlichen Nebenarbeiten und der Vorarbeitung des Untergrundes, mit allen Anschlüssen**				
		01	Dichtungsschlämme auf Kellerwänden	*018*	m²	**16,00**	13,00 18,00
		02	Dickbeschichtung 4mm/3mm	*018*	m²	**21,50**	19,00 23,00
		03	Dickbeschichtung 4mm/3mm mit Gewebeeinlage	*018*	m²	**26,00**	22,00 27,00
		04	Schweißbahn mit Voranstrich auf Kellerwänden	*018*	m²	**35,00**	31,00 39,00
		11	einlagiger Ausgleichsputz auf Kellerwänden	*018*	m²	**20,50**	19,00 23,00
		12	zweilagiger Sperrputz auf Kellerwänden	*018*	m²	**29,00**	26,00 29,00
	02		**Zusatzmaßnahmen Kellerdichtung bei Kelleraußenwänden gegen Erdreich, als zusätzliche Schutzmaßnahmen, mit allen Anschlüssen und Nebenarbeiten**				
		01	Sickerschicht, Bitumen-Wellplatten	*018*	m²	**17,50**	15,00 18,00
		11	Sickerschicht, Kunststoff-Drainplatten	*018*	m²	**28,00**	27,00 30,00
		21	Sickerschicht, Porwände aus Leichtbeton	*018*	m²	**42,00**	39,00 43,00
	03		**Drainagen als Zusatzmaßnahmen des Feuchteschutzes einschl. Vorbereitung des Drainagebettes, der Leitungen, mit allen notwendigen Nebenarbeiten, ohne Pumpen**				
		01	Drainleitungen DN 100	*010*	m	**19,50**	18,00 20,00
		11	Revisionsschächte, D = 80 cm	*010*	m	**360,00**	338,00 387,00
		12	Revisionsschächte, D = 100 cm	*010*	m	**425,00**	403,00 445,00
		21	Sammelschächte, Sandfang, D = 80 cm	*010*	m	**405,00**	386,00 428,00
		22	Sammelschächte, Sandfang, D = 100 cm	*010*	m	**425,00**	407,00 441,00

Preisstand III/2017 Index 117,2 (2010 = 100) inkl. MWSt: 19 %

DIN	AK	AA	Bauteiltext	LB	Einheit	Mittelpreis EUR	Preisspanne EUR
335	11		**Sichtverfugung von Mauerwerk von einschaligen Wänden oder Vormauerungen, einschl. Ausbildung erforderlicher Dehnungsfugen, ohne Einrüstung**				
		01	Sichtverfugung von Mauerwerk, DF	*012*	m²	**11,00**	8,00 – 12,00
		02	Sichtverfugung von Mauerwerk, NF	*012*	m²	**10,50**	9,00 – 10,00
		03	Sichtverfugung, 2 DF	*012*	m²	**9,50**	8,00 – 10,00
	12		**Außenputz auf einschaligen Wänden einschl. der erforderlichen Vorbehandlung des Untergrundes, Anschlüsse und Dehnungsfugenausbildung, ohne Einrüstung**				
		01	Kalkzement Außenputz, einfach	*023*	m²	**35,00**	33,00 – 35,00
		02	Kalkzement Außenputz, gehoben	*023*	m²	**42,00**	38,00 – 43,00
		11	Edelkratzputz mit Oberflächenstruktur	*023*	m²	**59,00**	56,00 – 59,00
		21	Kunstharz Außenputz, durchgefärbt	*023*	m²	**30,00**	27,00 – 31,00
	13		**Wärmedämmverbundsysteme zur Wärmedämmung einschaliger Außenwände, außen, mit aufgeklebten und zusätzlich verdübelten, formbeständigen Schaumstoff- oder Mineralfaserplatten, Glasfaserarmierung und aufgebrachtem Außenputz, einschl. Vorbehandlung des Untergrundes, Anschlüsse, ohne Einrüstung**				
		01	WDVS, WD 12 cm, Kunstharzputz	*905*	m²	**108,00**	102,00 – 112,00
		02	WDVS, WD 15 cm, Kunstharzputz	*905*	m²	**112,00**	108,00 – 119,00
		03	WDVS, WD 20 cm, Kunstharzputz	*905*	m²	**124,00**	115,00 – 132,00
		04	WDVS. WD 25 cm, Kunstharzputz	*905*	m²	**134,00**	126,00 – 145,00
		05	WDVS, WD 30 cm, Kunstharzputz	*905*	m²	**140,00**	130,00 – 150,00
		11	WDVS, WD 12 cm, Mineralischer Putz	*905*	m²	**126,00**	122,00 – 129,00
		12	WDVS, WD 15 cm, Mineralischer Putz	*905*	m²	**138,00**	134,00 – 142,00
		13	WDVS, WD 20 cm, Mineralischer Putz	*905*	m²	**162,00**	155,00 – 175,00
		14	WDVS, WD 25 cm, Mineralischer Putz	*905*	m²	**182,00**	166,00 – 197,00
		15	WDVS, WD 30 cm, Mineralischer Putz	*905*	m²	**184,00**	167,00 – 203,00

Preisstand III/2017 Index 117,2 (2010 = 100) inkl. MWSt: 19 %

DIN	AK	AA	Bauteiltext	LB	Einheit	Mittelpreis EUR	Preisspanne EUR
335	**14**		**Außenanstriche, Beschichtungen auf verschiedenen Untergründen von Außenwänden, einschl. erforderlicher Vorbehandlungen, Abdeckungen, ohne Einrüstung**				
		01	Kunststoff-Dispersion, außen, hell	*034*	m²	**13,50**	12,00 14,00
		02	Kunststoff-Dispersion, außen, getönt	*034*	m²	**21,00**	19,00 21,00
		11	Mineralischer Außenanstrich, hell	*034*	m²	**13,50**	12,00 14,00
		12	Mineralischer Außenanstrich, getönt	*034*	m²	**21,00**	19,00 22,00
		21	Lackieren von Metallbekleidung, außen	*034*	m²	**11,50**	10,00 13,00
		31	Holz-Dickschichtlasur, außen	*034*	m²	**16,00**	13,00 18,00
		32	Lackieren von Holzbekleidungen, außen	*034*	m²	**16,00**	14,00 17,00
	21		**Holzbekleidungen außen auf Außenwänden, alle Holzteile imprägniert, Verschnitt eingerechnet, mit allen Befestigungsmitteln und Anschlüssen, Oberflächenbehandlung, ohne Einrüstung, aus Profilbrettern B = ca. 12 cm**				
		01	Nadelholz-Verbundkonstruktion, außen	*016*	m²	**108,00**	97,00 118,00
		02	Edelholz-Verbundkonstruktion, außen	*016*	m²	**130,00**	122,00 136,00
		11	Nadelholz-Vorhängekonstruktion, außen	*016*	m²	**150,00**	143,00 157,00
		12	Edelholz-Vorhängekonstruktion, außen	*016*	m²	**176,00**	165,00 186,00
	22		**Faserzementplatten-Bekleidungen auf Außenwänden, einschl. Unterkonstruktion, imprägniert, mit allen Befestigungsmitteln und Anschlüssen, ohne Einrüstung**				
		01	Faserzementplatten, Verbundkonstruktion, Großformat	*020*	m²	**118,00**	111,00 125,00
		02	Faserzementplatten, Verbundkonstruktion, Kleinformat	*020*	m²	**126,00**	118,00 132,00
		11	Faserzementplatten, Vorhängekonstruktion, Großformat	*020*	m²	**154,00**	146,00 160,00
		12	Faserzementplatten, Vorhängekonstruktion, Kleinformat	*020*	m²	**162,00**	152,00 174,00

Preisstand III/2017 Index 117,2 (2010 = 100) inkl. MWSt: 19 %

DIN	AK	AA	Bauteiltext	LB	Einheit	Mittelpreis EUR	Preisspanne EUR
335	23		**Metallbekleidungen auf Außenwänden, einschl. Unterkonstruktion, imprägniert, mit allen Befestigungsmitteln und Anschlüssen, ohne Einrüstung**				
		01	Zinkblech-Verbundkonstruktion	*031*	m²	**230,00**	218,00 238,00
		02	Zinkblech-Vorhängekonstruktion	*031*	m²	**290,00**	274,00 305,00
		11	Kupferblech-Verbundkonstruktion	*031*	m²	**335,00**	321,00 353,00
		12	Kupferblech-Vorhängekonstruktion	*031*	m²	**395,00**	381,00 412,00
	24		**Außenwand-Wärmedämmschichten für Kerndämmung, hinterlüftete oder nicht hinterlüftete Bekleidungen, mit allen Anschlüssen**				
		01	Polystyroldämmung, D = 10 cm	*012*	m²	**31,00**	25,00 31,00
		02	Polystyroldämmung, D = 12 cm	*012*	m²	**37,00**	35,00 37,00
		03	Polystyroldämmung, D = 15 cm	*012*	m²	**43,00**	40,00 46,00
		04	Polystyroldämmung, D = 20 cm	*012*	m²	**50,00**	46,00 53,00
		05	Polystyroldämmung, D = 25 cm	*012*	m²	**59,00**	53,00 62,00
		06	Polystyroldämmung, D = 30 cm	*012*	m²	**64,00**	56,00 72,00
		07	Polystyroldämmung, kaschiert, D = 10 cm	*012*	m²	**38,00**	36,00 39,00
		08	Polystyroldämmung, kaschiert, D = 12 cm	*012*	m²	**42,00**	40,00 43,00
		09	Polystyroldämmung, kaschiert, D = 14 cm	*012*	m²	**45,00**	42,00 48,00
		10	Polystyroldämmung, kaschiert, D = 16 cm	*012*	m²	**49,00**	46,00 51,00
		11	Polystyroldämmung, kaschiert, D = 20 cm	*012*	m²	**54,00**	49,00 58,00
		12	Polystyroldämmung, kaschiert, D = 25 cm	*012*	m²	**61,00**	55,00 65,00
		13	Polystyroldämmung, kaschiert, D = 30 cm	*012*	m²	**64,00**	57,00 69,00
		14	Mineralfaserdämmung, hydrophobiert, D = 8 cm	*012*	m²	**17,50**	14,00 19,00
		15	Mineralfaserdämmung, hydrophobiert, D = 10 cm	*012*	m²	**21,00**	18,00 21,00
		16	Mineralfaserdämmung, hydrophobiert, D = 12 cm	*012*	m²	**22,50**	21,00 25,00
		17	Mineralfaserdämmung, hydrophobiert, D = 15 cm	*012*	m²	**26,00**	20,00 29,00

Preisstand III/2017 Index 117,2 (2010 = 100) inkl. MWSt: 19 %

DIN	AK	AA	Bauteiltext	LB	Einheit	Mittelpreis EUR	Preisspanne EUR
335	**24**	18	Mineralfaserdämmung, hydrophobiert, D = 20 cm	*012*	m²	**29,00**	26,00 32,00
		19	Mineralfaserdämmung, hydrophobiert, D = 25 cm	*012*	m²	**33,00**	29,00 36,00
		20	Mineralfaserdämmung, hydrophobiert, D = 30 cm	*012*	m²	**36,00**	31,00 39,00
		25	Lose Wärmedämm-Schüttung, D = 12 cm	*012*	m²	**30,00**	27,00 35,00
		26	Lose Wärmedämm-Schüttung, D = 15 cm	*012*	m²	**37,00**	30,00 43,00
		27	Lose Wärmedämm-Schüttung, D = 20 cm	*012*	m²	**44,00**	38,00 49,00
		28	Lose Wärmedämm-Schüttung, D = 30 cm	*012*	m²	**54,00**	45,00 62,00
		31	PUR-Dämmplatten, D = 5 cm	*012*	m²	**24,50**	20,00 27,00
		32	PUR-Dämmplatten, D = 8 cm	*012*	m²	**29,00**	24,00 29,00
		33	PUR-Dämmplatten, D = 10 cm	*012*	m²	**34,00**	27,00 35,00
		34	PUR-Dämmplatten, D = 12 cm	*012*	m²	**38,00**	31,00 39,00
		35	PUR-Dämmplatten, D = 14 cm	*012*	m²	**41,00**	33,00 45,00
		36	PUR-Dämmplatten, D = 16 cm	*012*	m²	**42,00**	39,00 47,00
		37	PUR-Dämmplatten, D = 20 cm	*012*	m²	**46,00**	41,00 51,00
		38	PUR-Dämmplatten, D = 25 cm	*012*	m²	**51,00**	46,00 58,00
		39	PUR-Dämmplatten, D = 30 cm	*012*	m²	**55,00**	48,00 62,00

Preisstand III/2017 Index 117,2 (2010 = 100) inkl. MWSt: 19 %

Hinweise für kostensparende Lösungen

- Bei Verwendung von Gipsdielen, Gasbetonmauerwerk oder Planelementen kann auf den herkömmlichen 1,5 cm starken Putz verzichtet werden, hier kann ein dünner Spachtelputz angewendet werden.
- Betonwände in Tafel- oder Großflächenschalweise erfordern innen nur noch eine geringfügige Spachtelung, bei sorgfältiger Arbeitsweise kann auf Spachtelung sogar verzichtet werden.
- Auf glatte Wandflächen von Planelementen oder Betonwänden kann anstelle der Spachtelung ein Spritz-Struktur-Putz aufgebracht werden.
- Innere Wandflächen oder Betonflächen können anstelle von Tapeten lediglich einen Anstrich erhalten.
- Auf Wandbekleidungen von Kellerräumen kann verzichtet werden.
- In Gäste-WCs kann auf Fliesen als Wandbelag zugunsten einer abwaschbaren Glasfasertapete oder eines abwaschbaren Anstrichs verzichtet werden.
- Wandoberflächen in Bädern brauchen nur im Bereich direkter Feuchtigkeitseinwirkung über Liegewanne/Duschwanne gefliest zu werden, übrige Wandflächen sind in Glasfasertapete oder Anstrich möglich.
- Als Tapeten sind für die erste Wandbehandlung einfache, leichte Tapeten ausreichend.

DIN	AK	AA	Bauteiltext	*LB*	Einheit	Mittelpreis EUR	Preisspanne EUR
336	**01**		**Innen-Wandfertigputz auf Beton oder Mauerwerk, einschl. der erforderlichen Vorarbeiten, Streckmetallüberdeckungen, Eckschutzschienen, Glätten der Oberfläche**				
		01	Gips-Kunststoffspachtelputz, innen, D = 2 mm	*023*	m²	**10,00**	9,00 11,00
		02	Zementspachtelputz, innen, D = 2 mm	*023*	m²	**11,50**	9,00 12,00
		11	Gipsputz, innen, einlagig, D = 10-15 mm	*023*	m²	**15,50**	13,00 18,00
		12	Gipsputz, innen, einlagig, D = 10-15 mm mit Gewebeeinlage	*023*	m²	**19,50**	17,00 21,00
		13	Gipsputz, innen, zweilagig, D = 13-20 mm	*023*	m²	**21,00**	18,00 22,00
		14	Gipsputz, innen, zweilagig, D = 13-20 mm mit Gewebeeinlage	*023*	m²	**24,50**	21,00 27,00
		21	Zement-Dichtungsschlämme, innen	*023*	m²	**12,50**	10,00 15,00
		22	Zement-Rapputz, innen	*023*	m²	**16,00**	14,00 17,00
		23	Zementputz, innen, einlagig, D = 10-15 mm	*023*	m²	**19,50**	17,00 21,00
		24	Zementputz, innen, zweilagig, D = 15-20 mm mit Gewebeeinlage	*023*	m²	**26,00**	23,00 27,00
		25	Reiner Kalkputz, innen, D = 15 mm	*023*	m²	**26,00**	23,00 27,00

Preisstand III/2017 Index 117,2 (2010 = 100) inkl. MWSt: 19 %

DIN	AK	AA	Bauteiltext	LB	Einheit	Mittelpreis EUR	Preisspanne EUR
336	**02**		**Gipskarton-Wandbekleidungen auf verschiedenen Untergründen, einschl. der erforderlichen Befestigungsmittel, Überspannen und Spachteln der Fugen und sämtlicher Anschlüsse**				
		01	Trockenputz GKB 9,5 mm, Ansetzbinder	*039*	m²	**23,50**	21,00 25,00
		02	Trockenputz GKB 12,5 mm, Ansetzbinder	*039*	m²	**26,00**	24,00 28,00
		03	Trockenputz GKB-I-12,5 mm, Ansetzbinder	*039*	m²	**30,00**	28,00 32,00
		11	Trockenputz GKB-I-9,5 mm, auf Lattung	*039*	m²	**39,00**	37,00 43,00
		12	Trockenputz GKB-I-12,5 mm, auf Lattung	*039*	m²	**44,00**	42,00 48,00
		13	Trockenputz GKB-I-12,5 mm, Lattung	*039*	m²	**46,00**	43,00 46,00
		21	GK-Verbundplatte 8 cm Dämm., Ansetzbinder	*039*	m²	**39,00**	34,00 40,00
		22	GKB-I-Verbundplatte 8 cm Dämm., Ansetzbinder	*039*	m²	**44,00**	38,00 46,00
		23	GK-Verbundplatte 8 cm Dämm., Lattung	*039*	m²	**58,00**	54,00 61,00
		24	GKB-I-Verbundplatte 8 cm Dämm., Lattung	*039*	m²	**62,00**	57,00 64,00
		31	Vorsatzschale GKB 12,5 mm, Metallst.	*039*	m²	**66,00**	63,00 69,00
		32	Vorsatzschale GKB-I-12,5 mm, Metallst.	*039*	m²	**68,00**	65,00 72,00
		33	Vorsatzschale 2 x GKB-12,5 mm, Metallst.	*039*	m²	**78,00**	74,00 84,00
		34	Vorsatzschale 2 x GKB-I-12,5 mm, Metallst.	*039*	m²	**82,00**	78,00 87,00
	03		**Innen-Kunststoffbeschichtungen als fertige Wandbekleidungen, einschl. der erforderlichen Vorarbeiten, mit allen Anschlüssen und Oberflächenbearbeitung, durchgefärbt**				
		01	Einfacher Rollputz mit Struktur, innen	*023*	m²	**21,00**	19,00 22,00
		02	Gehobener Rollputz mit Struktur, innen	*023*	m²	**25,00**	21,00 27,00
		11	Einfacher Spritzputz mit Struktur, innen	*023*	m²	**17,50**	15,00 20,00
		12	Gehobener Spritzputz mit Struktur, innen	*023*	m²	**21,50**	19,00 24,00
		21	Einfacher Reibeputz, innen	*023*	m²	**26,00**	24,00 29,00
		22	Gehobener Reibeputz, innen	*023*	m²	**30,00**	27,00 30,00

Preisstand III/2017 Index 117,2 (2010 = 100) inkl. MWSt: 19 %

DIN	AK	AA	Bauteiltext	LB	Einheit	Mittelpreis EUR	Preisspanne EUR
336	**11**		**Innen-Wandanstriche auf verschiedenen Untergründen, einschl. der erforderlichen Vorarbeiten und Abdeckungen**				
		01	Dispersionsanstrich, innen, waschfest	*034*	m²	**4,00**	2,00 5,00
		02	Dispersionsanstrich, innen, scheuerfest	*034*	m²	**4,75**	3,00 6,00
		03	Dispersionsanstrich auf GK, innen, waschfest	*034*	m²	**4,75**	3,00 6,00
		04	Dispersionsanstrich auf GK, innen, scheuerfest	*034*	m²	**5,50**	4,00 6,00
		11	Holz-Imprägnierungslasur, innen	*034*	m²	**8,50**	6,00 10,00
		12	Holz-Dickschichtlasur, innen	*034*	m²	**11,50**	9,00 12,00
		13	Holzlackierung, innen, mit Acryllack	*034*	m²	**12,50**	10,00 15,00
		14	Holzlackierung, innen, mit Kunstharzlack	*034*	m²	**17,00**	14,00 19,00
	12		**Tapeten auf Wänden auf Putz- oder Betonflächen, einschl. der erforderlichen Vorarbeiten, Verschnitt eingerechnet, mit allen Abdeckungen, einschl. Tapetenlieferung**				
		01	Leichte Papiertapete, ca. 5,00 EUR/Rolle	*037*	m²	**10,50**	9,00 12,00
		02	Mittlere Tapete, ca. 7,00 EUR/Rolle	*037*	m²	**13,50**	11,00 14,00
		03	Mittlere Tapete, ca. 11,50 EUR/Rolle	*037*	m²	**16,00**	14,00 18,00
		11	Raufaser, Anstrich	*037*	m²	**9,00**	7,00 10,00
		21	Vinyltapete, ca. 11,00 EUR/Rolle	*037*	m²	**21,50**	18,00 22,00
		22	Vinyltapete, ca. 17,00 EUR/Rolle	*037*	m²	**30,00**	26,00 30,00
		23	Glasfasergewebe mit Acrylanstrich	*037*	m²	**23,50**	21,00 24,00

Preisstand III/2017 Index 117,2 (2010 = 100) inkl. MWSt: 19 %

DIN	AK	AA	Bauteiltext	LB	Einheit	Mittelpreis EUR	Preisspanne EUR
336	**21**		**Wandfliesen auf Putz- oder Betonflächen, einschl. Vorbehandlung des Untergrundes, mit Verfugung und dauerelastischer Abdichtung**				
		01	Wandfliesen, Dünnbett, Material ca. 12 EUR/m²	*024*	m²	**66,00**	59,00 69,00
		02	Wandfliesen, Dünnbett, Material ca. 20 EUR/m²	*024*	m²	**77,00**	74,00 79,00
		03	Wandfliesen, Dünnbett, Material ca. 28 EUR/m²	*024*	m²	**87,00**	83,00 91,00
		11	Wandfliesen, in Mörtelbett, Material ca. 12 EUR/m²	*024*	m²	**93,00**	90,00 94,00
		12	Wandfliesen, in Mörtelbett, Material ca. 20 EUR/m²	*024*	m²	**104,00**	99,00 106,00
		13	Wandfliesen, in Mörtelbett, Material ca. 28 EUR/m²	*024*	m²	**114,00**	106,00 118,00
	31		**Holzwandbekleidungen innen auf verschiedenen Untergründen, einschl. Unterkonstruktion, imprägniert, mit allen Befestigungsmitteln, Verschnitt eingerechnet**				
		01	Nadelholz, Wandbekleidungen, Normalprofile	*027*	m²	**88,00**	84,00 91,00
		02	Nadelholz, Wandbekleidungen, Sonderprofile	*027*	m²	**114,00**	109,00 116,00
		11	Edelholz, Wandbekleidungen, Normalprofile	*027*	m²	**126,00**	116,00 137,00
		12	Edelholz, Wandbekleidungen, Sonderprofile	*027*	m²	**158,00**	148,00 169,00
	41		**Dämmfüllungen Innenwandbekleidung für die Schall- und Wärmedämmung von Schlitzen, Durchbrüchen, Vorsatzschalen, Duschwannen**				
		01	Lose Mineralwolle als Dämmfüllung	*039*	m³	**51,00**	47,00 53,00
		02	Lose Polystrolschüttung als Dämmfüllung	*039*	m³	**160,00**	155,00 168,00
		03	Mineralischer 2-Komponentenschaum als Dämmfüllung	*039*	m³	**265,00**	252,00 273,00

330

Hinweise für kostensparende Lösungen

- Der Einsatz großflächiger, nichttragender Fassadenelemente kann ab einer Hausanzahl von z.B. 10 Häusern wirtschaftlich werden. Als günstige Projektgröße sind ca. 20 Hauseinheiten anzusehen.
- Es sollte beachtet werden, dass spiegelbildliche Häuser die Seriengröße halbieren.
- In der Regel sollten nur maximal geschosshohe Elemente verwendet werden, da andernfalls Transportprobleme entstehen.
- Große Fassadenelemente sind auf den m^2 bezogen billiger als kleinere, die maximale Größe liegt in der Regel bei ca. 3,00 x 12,00 m.
- Die billigsten Fassadenelemente sind diejenigen ohne Aussparungen, Fenster oder Türen. Jede Aussparung wird als Zulage auf den Elementgrundpreis berechnet.
- Je größer der Flächenanteil von Fenster, Türen oder Fassadenspiegeln wird, um so teurer wird das Gesamtelement.
- Aussparungen, Fenster- und Türelemente sollten in der Regelgröße geplant werden, jede Abweichung von einmal normierten Größen verteuert den Bauteilpreis.
- Neben einer Reduzierung des Bauteilpreises bei größeren Serien liegt ein Vorteil der Elementbauweise für Fassadenelemente in der erheblichen Verkürzung der Bauzeit durch parallele Erstellung des Rohbaues und der Elemente und sehr kurzer Montagezeit auf der Baustelle sowie in dem schnellen Witterungsfestmachen des Baues.
- Durch trockene Bauweise entstehen weniger Koordinationsprobleme und Ablaufbehinderungen auf der Baustelle, die Innenbekleidung ist sofort tapezierfähig, Installationssysteme sind zu integrieren.
- Bei Beton-Fassadenelementen ist die einschalige Bauweise mit Wärmedämm-Verbundsystem kostengünstiger als ein zweischaliges System mit Kerndämmung (Sandwichkonstruktion).

DIN	AK	AA	Bauteiltext	LB	Einheit	Mittelpreis EUR	Preisspanne EUR
337	01		**Holzfachwerk-Fassadenelemente als Grundelemente ohne Aussparungen, bestehend aus 10 x 22 cm Holzrahmenfachwerk, imprägniert, ausgefacht mit 20 cm Mineralfasermatten auf 0,2 mm Polyaethylenfolie und 13 mm Holzwerkstoffpl. außen 13 mm Holzwerkstoffpl., darauf 21 mm hinterlüftete Fassadenunterkonstruktion, Gesamtelement d = ca. 30 cm, Außenbekleidung**				
		01	Holzfachwerk, 20 cm WD, FZ-Platte, Kunstharzputz, Anstrich	*903*	m²	**202,00**	192,00 208,00
		02	Holzfachwerk, 20 cm WD, FZ-Platte, mineral. Putz, Anstrich	*903*	m²	**206,00**	198,00 214,00
		11	Holzfachwerk, 20 cm WD, Holzverbretterung, Oberflächenbehandlung	*903*	m²	**226,00**	218,00 233,00
	02		**Holzfachwerk-Fassadenelemente als Grundelemente ohne Aussparungen, bestehend aus 10 x 28 cm Holzrahmenfachwerk, imprägniert, ausgefacht mit 25 cm Mineralfasermatten auf 0,2 mm Polyaethylenfolie und 13 mm Holzwerkstoffpl. außen 13 mm Holzwerkstoffpl., darauf 24 mm hinterlüftete Fassadenunterkonstruktion, Gesamtelement d = ca. 35 cm, Außenbekleidung**				
		01	Holzfachwerk, 25 cm WD, FZ-Platte, Kunstharzputz, Anstrich	*903*	m²	**224,00**	209,00 240,00
		02	Holzfachwerk, 25 cm WD, FZ-Platte, mineral. Putz, Anstrich	*903*	m²	**234,00**	218,00 249,00
		11	Holzfachwerk, 25 cm WD, Holzverbretterung, Oberflächenbehandlung	*903*	m²	**246,00**	237,00 252,00
	03		**Holzfachwerk-Fassadenelemente als Grundelemente ohne Aussparungen, bestehend aus 10 x 32 cm Holzrahmenfachwerk, imprägniert, ausgefacht mit 30 cm Mineralfasermatten auf 0,2 mm Polyaethylenfolie und 13 mm Holzwerstoffpl. außen 13 mm Holzwerstoffpl., darauf 24 mm hinterlüftete Fassadenunterkonstruktion, Gesamtelement d = ca. 40 cm, Außenbekleidung**				
		01	Holzfachwerk, 30 cm WD, FZ-Platte, Kunstharzputz, Anstrich	*903*	m²	**246,00**	223,00 261,00
		02	Holzfachwerk, 30 cm WD, FZ-Platte, mineral. Putz, Anstrich	*903*	m²	**255,00**	230,00 269,00
		11	Holzfachwerk, 30 cm WD, Holzverbretterung, Oberflächenbehandlung	*903*	m²	**270,00**	238,00 307,00

DIN	AK	AA	Bauteiltext	*LB*	Einheit	Mittelpreis EUR	Preisspanne EUR
337	**04**		**Integrierte Fensterelemente U-Wert = 1,3, als Holz- oder Kunststofffenster mit Blend- und Flügelrahmen, Isolierverglasung 4 x 12 x 4 mm, Dreh-/Kippbeschläge, dauerelastische Versiegelung, Oberflächenbehandlung, mit Innen- und Außenfensterbänken**				
		01	integrierte Fensterelemente, einflg., Größe bis 0,5 m²	*901*	m²	**720,00**	693,00 730,00
		02	integrierte Fensterelemente, einflg., Größe 0,5 bis 1,0 m²	*901*	m²	**390,00**	380,00 402,00
		03	integrierte Fensterelemente, einflg., Größe 1,0 bis 2,0 m²	*901*	m²	**370,00**	360,00 377,00
		11	integrierte Fensterelemente, mehrflg., Größe bis 1,0 m²	*901*	m²	**445,00**	436,00 458,00
		12	integrierte Fensterelemente, mehrflg., Größe 1,0 bis 2,0 m²	*901*	m²	**415,00**	399,00 423,00
		13	integrierte Fensterelemente, mehrflg., Größe 2,0 bis 3,0 m²	*901*	m²	**370,00**	363,00 386,00
	05		**Integrierte Fensterelemente U-Wert = 0,8, als Holz- oder Kunststofffenster mit Blend- und Flügelrahmen, 3-fach Isolierverglasung 4 x 12 x 4 x 10 x 4 mm, Dreh-/Kippbeschläge, dauerelastische Versiegelung, Oberflächenbehandlung, mit Innen- und Außenfensterbänken**				
		01	integrierte Fensterelemente, einflg., Größe bis 0,5 m²	*901*	m²	**795,00**	764,00 804,00
		02	integrierte Fensterelemente, einflg., Größe 0,5 bis 1,0 m²	*901*	m²	**460,00**	447,00 473,00
		03	integrierte Fensterelemente, einflg., Größe 1,0 bis 2,0 m²	*901*	m²	**440,00**	429,00 449,00
		11	integrierte Fensterelemente, mehrflg., Größe bis 1,0 m²	*901*	m²	**515,00**	502,00 528,00
		12	integrierte Fensterelemente, mehrflg., Größe 1,0 bis 2,0 m²	*901*	m²	**485,00**	469,00 497,00
		13	integrierte Fensterelemente, mehrflg., Größe 2,0 bis 3,0 m²	*901*	m²	**440,00**	432,00 459,00
	06		**Integrierte Festverglasungen U-Wert = 1,3, in einer Blendrahmenkonstruktion, Isolierverglasung 4 x 12 x 4 mm, dauerelastische Versiegelung, Oberflächenbehandlung, in Holz oder Kunststoff, mit Innen- und Außenfensterbänken**				
		01	integrierte Festverglasungen, Größe bis 1,0 m²	*901*	m²	**310,00**	282,00 318,00
		02	integrierte Festverglasungen, Größe 1,0 bis 2,0 m²	*901*	m²	**285,00**	274,00 296,00
		03	integrierte Festverglasungen, Größe über 2,0 m²	*901*	m²	**275,00**	262,00 288,00

Preisstand III/2017 Index 117,2 (2010 = 100) inkl. MWSt: 19 %

DIN	AK	AA	Bauteiltext	LB	Einheit	Mittelpreis EUR	Preisspanne EUR
337	**07**		**Integrierte Festverglasungen U-Wert = 0,8, in einer Blendrahmenkonstruktion, 3-fach Isolierverglasung 4 x 12 x 4 x 10 x 4 mm, dauerelastische Versiegelung, Oberflächenbehandlung, in Holz oder Kunststoff, mit Innen- und Außenfensterbänken**				
		01	integrierte Festverglasungen, Größe bis 1,0 m²	*901*	m²	**380,00**	347,00 392,00
		02	integrierte Festverglasungen, Größe 1,0 bis 2,0 m²	*901*	m²	**360,00**	343,00 371,00
		03	integrierte Festverglasungen, Größe über 2,0 m²	*901*	m²	**345,00**	331,00 363,00
	08		**Integrierte Rollladenkästen oberhalb der Blendrahmen, außen bekleidet, wärmegedämmt, mit Wickler, Welle und Zugband, dauerelastischer Versiegelung**				
		01	Rollladenkästen, Querschnitt ca. 20 x 20 cm	*901*	m	**214,00**	209,00 216,00
		11	Rollladenkästen, Querschnitt ca. 25 x 25 cm	*901*	m	**222,00**	219,00 226,00
	09		**Integrierte Rollladenpanzer aus Kunststoff, einschl. Führungsschienen und Einbruchsicherung**				
		01	Rollladenpanzer, Normalprofile	*901*	m²	**67,00**	63,00 71,00
		02	Rollladenpanzer, Miniprofile	*901*	m²	**76,00**	73,00 80,00
		03	Rollladenpanzer, Wärmegedämmte Profile	*901*	m²	**198,00**	188,00 209,00
	10		**Integrierte Fenstertüren U-Wert = 1,3, als Rahmentüren in Holz oder Kunststoff, Isolierverglasung 4 x 10 x 4 mm, Dreh-/Kippbeschlag, dauerelastische Versiegelung, Oberflächenbehandlung**				
		01	Fenstertüren, Größe ca. 1,5 m²	*901*	St	**705,00**	687,00 734,00
		02	Fenstertüren, Größe ca. 1,9 m²	*901*	St	**915,00**	887,00 951,00
		03	Fenstertüren, Größe ca. 2,3 m²	*901*	St	**1.100,00**	1.066,00 1.156,00

DIN	AK	AA	Bauteiltext	LB	Einheit	Mittelpreis EUR	Preisspanne EUR
337	11		**Integrierte Fenstertüren U-Wert = 0,8, als Rahmentüren in Holz oder Kunststoff, 3-fach-Isolierverglasung 4 x 10 x 4 x 10 x 4 mm, Dreh-/Kippbeschlag, dauerelastische Versiegelung, Oberflächenbehandlung**				
		01	Fenstertüren, Größe ca. 1,5 m²	*901*	St	**790,00**	766,00 818,00
		02	Fenstertüren, Größe ca. 1,9 m²	*901*	St	**995,00**	965,00 1.035,00
		03	Fenstertüren, Größe ca. 2,3 m²	*901*	St	**1.175,00**	1.144,00 1.241,00
	12		**Integrierte Hauseingangstüren als Rahmentüren in Holz oder Kunststoff, Sicherheitsschloss, Briefeinwurfschlitz, Beschläge, dauerelastische Versiegelung, Wärmedämmung, Oberflächenbehandlung, Größe ca. 2,0 m²**				
		01	geschlossene Hauseingangstüren	*902*	St	**1.300,00**	1.233,00 1.550,00
		02	Hauseingangstüren mit Isolier-Sicherheitsverglasung	*902*	St	**1.525,00**	1.417,00 1.632,00

330

Hinweise für kostensparende Lösungen

- Bei den Schutz- und Zusatzelementen für Außenwände handelt es sich meist um Bauteile, die nicht unbedingt erforderlich sind und oft auch weggelassen werden können.
- Andererseits beeinflussen sie oft entscheidend die Gestaltung des Gebäudes und damit auch die Identifikation und das Akzeptanzverhalten der Bewohner, so dass ihre Anwendung überprüft werden muss.
- Ohne größere Probleme sind in der Regel nachzurüsten: Pergolen, Markisen, Außenjalousien. Diese Bauteile können vorläufig weggelassen werden, wenn die Anschlusspunkte vorgerichtet sind.
- Auf Rollläden in Obergeschossen kann verzichtet werden, im Erdgeschoss können Rollladenkästen für nachträgliche Ausstattung vorgerichtet werden.
- Die Verwendung tragend ausgebildeter Rollladenkästen erspart Unter- oder Oberzüge mit gleichzeitiger Wärmedämmung der Kästen.
- Vordächer können als Leichtkonstruktionen aus Holz oder Stahl/Glas vorgefertigt montiert werden.
- Lichtschächte können als Fertigteile zeit- und kostensparend eingebaut werden.
- Bei ihrer Gestaltung sollten Trapez- und Dreiecksflächen sparsam eingesetzt werden, da sie einen höheren Kostenaufwand erfordern als rechtwinklige Elemente.
- Balkone als vor die Fassade gestellte Leichtkonstruktion in Holz oder Stahl sind oft preisgünstiger als massige Kragplatten und verursachen keine konstruktiven Zusatzmaßnahmen oder bauphysikalische Probleme.

DIN	AK	AA	Bauteiltext	LB	Einheit	Mittelpreis EUR	Preisspanne EUR
339	01		**Rollladenkästen in wärmegedämmter Ausführung, mit Wickler, Welle, Zugband und allen Zubehörteilen, dauerelastischer Versiegelung**				
		01	Rollladenkästen, Q = ca. 25 x 25 cm	*030*	m	**71,00**	65,00 76,00
		11	Rollladenkästen, Q = ca. 30 x 30 cm	*030*	m	**84,00**	80,00 87,00
	02		**Rollladenpanzer aus Kunststoff, einschl. Führungsschienen und Einbruchsicherung**				
		01	Rollladenpanzer, Normalprofil	*030*	m²	**67,00**	63,00 71,00
		02	Rollladenpanzer, Miniprofil	*030*	m²	**76,00**	73,00 80,00
		03	Rollladenpanzer, wärmegedämmte Profile	*030*	m²	**198,00**	188,00 209,00
	03		**Rollladen-Zubehörteile zusätzlich zur Standardausführung zur Verbesserung des Bedienungskomforts, als Mehrpreis zur Normalausführung**				
		01	Übersetzungsgetriebe für Rollladen	*030*	St	**108,00**	96,00 116,00
		02	Kurbelantrieb von Rollladen	*030*	St	**76,00**	73,00 80,00
		03	Elektrischer Antrieb von Rollladen	*030*	St	**415,00**	377,00 447,00
		04	Abschließbare Sicherung für Rollladen	*030*	St	**30,00**	27,00 31,00
		11	Zwischenlager für Rollladen-Kombinationen	*030*	St	**17,50**	15,00 20,00
		12	Verstärkte Achswelle für Rollladen, D = 2 mm Wandung	*030*	St	**14,00**	13,00 16,00

Preisstand III/2017 Index 117,2 (2010 = 100) inkl. MWSt: 19 %

DIN	AK	AA	Bauteiltext	LB	Einheit	Mittelpreis EUR	Preisspanne EUR
339	11		**Außenklappläden mit geraden Profilen, Ankerrollen, Beschläge, mit allen Befestigungsmitteln, fertiger Oberflächenbehandlung**				
		01	Klappläden, holzverbrettert, geschlossen	027	m²	**224,00**	202,00 244,00
		02	Klappläden, Holz, Lamellen feststehend	027	m²	**315,00**	290,00 339,00
		03	Klappläden, Kunststoff, Lamellen feststehend	027	m²	**320,00**	295,00 349,00
		11	Einzelantrieb für Klappläden, innen bedienbar	027	m²	**126,00**	122,00 129,00
		12	Mehrflügelantrieb für Klappläden, innen bedienbar	027	m²	**250,00**	237,00 265,00
		13	Einbruchsicherung für Klappläden, innen bedienbar	027	m²	**36,00**	31,00 38,00
	12		**Außen-Schiebeladen in außen aufliegenden Führungsschienen geführt, mit allen Beschlägen und Befestigungsmitteln, Einbruchsicherung, Oberflächenbehandlung, einschl. der Führungsschienen, horizontale Führung**				
		01	Schiebeladen aus Holz, B = bis 0,6 m	027	m²	**575,00**	419,00 734,00
		02	Schiebeladen aus Holz, B = 0,6-1,2 m	027	m²	**545,00**	419,00 685,00
		11	Schiebeladen aus Kunststoff, B = bis 0,6 m	027	m²	**390,00**	361,00 651,00
		12	Schiebeladen aus Kunststoff, B = 0,6-1,2 m	027	m²	**510,00**	384,00 631,00
	13		**Sonnenschutzvorrichtungen außen angebracht, mit allen Befestigungsteilen, Abdeckungen, Führungsschienen, Zug- und Bedienungsvorrichtungen**				
		01	Jalousien, außen, Lauflänge bis 1,5 m	030	m	**228,00**	220,00 241,00
		02	Jalousien, außen, Lauflänge 1,5-2,2 m	030	m	**260,00**	244,00 272,00
		11	Markisen, einfach, Auslage 2,0 m	030	m	**385,00**	363,00 397,00
		12	Markisen, gehoben, Auslage 2,5 m	030	m	**560,00**	538,00 579,00

Preisstand III/2017 Index 117,2 (2010 = 100) inkl. MWSt: 19 %

DIN	AK	AA	Bauteiltext	LB	Einheit	Mittelpreis EUR	Preisspanne EUR
339	**14**		**Vordächer im Bereich von Außentüren als vorgefertigte Leichtkonstruktion, auf die Fassade aufgeschraubt, mit allen Zubehörteilen und Befestigungsmitteln, Oberflächenbehandlung, dauerelastischer Versiegelung und Eindeckung, Ausladung ca. 1 m**				
		01	Stahl-/Glas Vordächer, B = ca. 1,3 m	*919*	St	**920,00**	877,00 951,00
		02	Stahl-/Glas Vordächer, B = ca. 1,7 m	*919*	St	**1.200,00**	1.048,00 1.239,00
		11	Holz Vordächer, B = ca. 1,3 m	*919*	St	**350,00**	339,00 360,00
		12	Holz Vordächer, B = ca. 1,7 m	*919*	St	**470,00**	444,00 503,00
	21		**Erker/Wintergärten als verglaste Konstruktion vor der Fassade, mit auskragender Bodenplatte, wärmegedämmt, mit allen Profilelementen, Anschluss- und Knotenpunkten, Befestigungsmitteln, Verglasung, Oberflächenbehandlung, dauerelastischer Versiegelung, Dachelemente mit Stegdoppelplatten, ohne Kragplatte**				
		01	Vertikales Fixteil von Erkern, rechteckig	*919*	m²	**295,00**	279,00 307,00
		02	Vertikales Fixteil von Erkern, Trapezform	*919*	m²	**350,00**	335,00 363,00
		11	Dachelement von Erkern, rechteckig	*919*	m²	**310,00**	293,00 321,00
		12	Dachelement von Erkern, Trapezform	*919*	m²	**365,00**	349,00 377,00
		21	Türelement, verglast, als Zulage zu Erkern	*919*	m²	**168,00**	160,00 174,00
		22	Dreh-/Kippfenster als Zulage zu Erkern	*919*	m²	**162,00**	157,00 167,00
		31	Dachfenster rechtwinklig als Zulage zu Erkern	*919*	m²	**118,00**	111,00 125,00
		32	Dachfenster, Trapezform als Zulage zu Erkern	*919*	m²	**154,00**	146,00 160,00

330

Preisstand III/2017 Index 117,2 (2010 = 100) inkl. MWSt: 19 %

DIN	AK	AA	Bauteiltext	LB	Einheit	Mittelpreis EUR	Preisspanne EUR
339	22		**Balkone mit Traggerüst als vor die Fassade gestellte Konstruktion, bestehend aus Traggerüst mit Fundamentierung und Fußpunktausbildung, Balkonbodenplatte mit fertigem Fußboden, Brüstung und Geländer, Entwässerung, mit allen Befestigungsteilen und Anschlüssen, Oberflächenbehandlung**				
		01	Balkone, einf. Holzkonstrukt., T = ca. 1,2 m	*016*	m	**790,00**	755,00 825,00
		02	Balkone, einf. Holzkonstrukt., T = ca. 1,8 m	*016*	m	**1.175,00**	1.139,00 1.209,00
		03	Balkone, aufw. Holzkonstrukt., T = ca. 1,2 m	*016*	m	**1.100,00**	1.069,00 1.139,00
		04	Balkone, aufw. Holzkonstrukt., T = ca. 1,8 m	*016*	m	**1.650,00**	1.579,00 1.713,00
		11	Balkone, einf. Stahlkonstrukt., T = ca. 1,2 m	*031*	m	**1.950,00**	1.897,00 1.977,00
		12	Balkone, einf. Stahlkonstrukt., T = ca. 1,8 m	*031*	m	**2.975,00**	2.866,00 3.065,00
		13	Balkone, aufw. Stahlkonstrukt., T = ca. 1,2 m	*031*	m	**2.750,00**	2.695,00 2.854,00
		14	Balkone, aufw. Stahlkonstrukt., T = ca. 1,8 m	*031*	m	**4.000,00**	3.573,00 4.685,00
	23		**Balkone als Kragelemente im Zusammenhang mit Massivdecken als Stahlbetonkonstruktion, einschließlich Sichtschalung und Bewehrung, mit allen Anschlüssen, D = ca. 14-16 cm, ohne Brüstungselemente**				
		01	Anschluss-Kragplatte für Balkone, T = ca. 1,2 m	*013*	m	**130,00**	123,00 140,00
		02	Anschluss-Kragplatte für Balkone, T = ca. 1,8 m	*013*	m	**196,00**	184,00 206,00
		11	Balkonplatte auf Konsolen, T = ca. 1,2 m	*013*	m	**420,00**	402,00 431,00
		12	Balkonplatte auf Konsolen, T = ca. 1,8 m	*013*	m	**625,00**	594,00 645,00
	31		**Außen-Geländer als Schutzelemente mit allen Befestigungsmitteln, Verankerungen und Aussteifungen, Oberflächenbehandlung, Höhe ca. 90 cm**				
		01	Einfache Holzgeländer	*016*	m	**148,00**	137,00 157,00
		02	Aufwendige Holzgeländer	*016*	m	**234,00**	219,00 247,00
		11	Einfache Stahlgeländer	*031*	m	**178,00**	166,00 189,00
		12	Aufwendige Stahlgeländer	*031*	m	**285,00**	269,00 299,00

Preisstand III/2017 Index 117,2 (2010 = 100) inkl. MWSt: 19 %

DIN	AK	AA	Bauteiltext	LB	Einheit	Mittelpreis EUR	Preisspanne EUR
339	32		**Gitter, Gittertüren aus verzinktem Stahl, als Schutzelemente für Fenster und Türen, mit allen Befestigungsmitteln, Oberflächenbehandlung**				
		01	einfache Gitter	*031*	m²	**244,00**	231,00 253,00
		02	gehobene Gitter	*031*	m²	**355,00**	341,00 371,00
		11	einfache Gittertüren	*031*	m²	**250,00**	242,00 257,00
		12	gehobene Gittertüren	*031*	m²	**340,00**	325,00 356,00
	41		**Keller-Lichtschächte vor Kellerfenstern an der Außenwand als Fertigteile, mit allen Befestigungsmitteln, Abdeckung durch Gitterroste mit Einbruchsicherung, Anschlussausbildung, Tiefe ca. 50 cm, Breite ca. 100 cm**				
		01	Kunststoff Keller-Lichtschächte, H = 60 cm	*012*	St	**178,00**	171,00 185,00
		02	Kunststoff Keller-Lichtschächte, H = 120 cm	*012*	St	**220,00**	209,00 230,00
		03	Kunststoff Keller-Lichtschächte, H = 180 cm	*012*	St	**255,00**	237,00 272,00
		11	Beton Keller-Lichtschächte, H = 60 cm	*013*	St	**315,00**	304,00 325,00
		12	Beton Keller-Lichtschächte, H = 120 cm	*013*	St	**460,00**	440,00 482,00
		13	Beton Keller-Lichtschächte, H = 180 cm	*013*	St	**575,00**	548,00 597,00
	51		**Massive Außen-Brüstungen als Schutzelemente an Balkonen, Loggien oder Terrassen, mit fertiger Oberfläche, allen Anschlüssen, Abdeckungen und dauerelastischen Verfugungen, Dicke = ca. 12 cm**				
		01	Sichtmauerwerks-Brüstungen in einfacher Form	*012*	m	**140,00**	129,00 150,00
		02	Sichtmauerwerks-Brüstungen in aufwendiger Form	*012*	m	**172,00**	161,00 204,00
		11	Sichtbeton-Brüstungen in einfacher Form	*013*	m	**168,00**	154,00 182,00
		12	Sichtbeton-Brüstungen in aufwendiger Form	*013*	m	**280,00**	238,00 323,00

Hinweise für kostensparende Lösungen

- Bei Ausnutzung tragwerksplanerischer Nachweisverfahren sind tragende Innenwände über zwei Voll-Geschosse in 11,5 cm Dicke möglich.
- Zusätzlich können bei gleichmäßiger Auflast durch kreuzweise gespannte Decken jeweils zwei Wandseiten mit dem geringeren Lastanteil bis zu vier Geschossen tragend in 11,5 cm Dicke ausgeführt werden.
- Tragende Innenwände mit 17,5 cm Dicke können über vier Voll-Geschosse ausgeführt werden.
- Verringerung von Wanddicken senkt die Bauteilkosten und schafft zusätzliche Wohnfläche bei gleicher Grundstücksgröße oder erfordert geringe Grundstücksgrößen bei gleicher Wohnfläche.
- Die Verwendung von Stein-Planelementen mit Einsatz kleinerer Hebezeuge senkt die Bauteilkosten, spart Bauzeit und ermöglicht Spachtelputz.
- Mauerwerkswände in 24 cm dickem Kalksandstein sind Brandwände, erfordern jedoch eine erhöhte Steinrohrdichte von 2,0 kg/dm^3 oder zusätzlichen beidseitigen Putz, wenn ausreichender Schallschutz erzielt werden soll.
- Eine Verbesserung des Schallschutzes kann erreicht werden durch zweiseitige Ausführung mit geschlossener Luftschicht zwischen den Schalen.
- Die Luftschicht sollte zur Vermeidung von Schallbrücken dicker als 2 cm sein, am günstigsten 4–7 cm Dicke aufweisen, damit sie optisch kontrollierbar wird.
- Eine gute Schalldämmung kann bereits bei Gebäudetrennwänden durch 2 x 11,5 cm Mauerwerk mit 4 cm Mineralfasermatten in 7 cm Luftschicht erreicht werden (R'w ca. 65 dB), wenn die Tragwerksprobleme (DIN 4102 Teil 4) gelöst werden können.
- Installationsbündelung und Verkleidung als Vorwandkonstruktion vermeidet Schlitze und Durchbrüche und wirkt kosten- und zeitsparend.

DIN	AK	AA	Bauteiltext	LB	Einheit	Mittelpreis EUR	Preisspanne EUR
341	01		**Kellerwände aus Ortbeton C 20/25 beidseitige Schalung eingerechnet, Abstützung und Bewehrung, soweit erforderlich**				
		01	Kellerwände C 20/25, D = 15 cm, unbewehrt	013	m²	**142,00**	131,00 151,00
		02	Kellerwände C 20/25, D = 15 cm, bewehrt	013	m²	**150,00**	145,00 158,00
		03	Kellerwände C 20/25, D = 15 cm, Sperrbeton, unbewehrt	013	m²	**96,00**	92,00 99,00
		04	Kellerwände C 20/25, D = 15 cm, Sperrbeton, bewehrt	013	m²	**162,00**	155,00 175,00
		11	Kellerwände C 20/25, D = 20 cm, unbewehrt	013	m²	**156,00**	149,00 165,00
		12	Kellerwände C 20/25, D = 20 cm, bewehrt	013	m²	**172,00**	165,00 179,00
		13	Kellerwände C 20/25, D = 20 cm, Sperrbeton, unbewehrt	013	m²	**166,00**	158,00 172,00
		14	Kellerwände C 20/25, D = 20 cm, Sperrbeton, bewehrt	013	m²	**184,00**	176,00 191,00
		21	Kellerwände C 20/25, D = 25 cm, unbewehrt	013	m²	**186,00**	177,00 194,00
		22	Kellerwände C 20/25, D = 25 cm, bewehrt	013	m²	**206,00**	198,00 215,00
		23	Kellerwände C 20/25, D = 25 cm, Sperrbeton, unbewehrt	013	m²	**198,00**	187,00 209,00
		24	Kellerwände C 20/25, D = 25 cm, Sperrbeton, bewehrt	013	m²	**216,00**	206,00 229,00
	02		**Kellerwände, Stahlbetonfertigteile in Sperrbeton erforderliche Montagegeräte eingerechnet, ohne Außenbekleidung**				
		01	Kellerwände, Fertigteile, D = 15 cm, aus C 30/37	013	m²	**188,00**	184,00 192,00
		02	Kellerwände, Fertigteile, D = 15 cm, aus C 35/45	013	m²	**196,00**	187,00 203,00
		11	Kellerwände, Fertigteile, D = 20 cm, aus C 30/37	013	m²	**210,00**	206,00 214,00
		12	Kellerwände, Fertigteile, D = 20 cm, aus C 35/45	013	m²	**218,00**	212,00 222,00

Preisstand III/2017 Index 117,2 (2010 = 100) inkl. MWSt: 19 %

DIN	AK	AA	Bauteiltext	LB	Einheit	Mittelpreis EUR	Preisspanne EUR
341	**03**		**Kellerwände aus Mauersteinen Hebezeuge und Hilfsgeräte eingerechnet, soweit erforderlich, ebenso Anlegen von Leeröffnungen, ohne Außenbekleidung**				
		01	Kellerwände, Beton-Hohlblocksteine, D = 24 cm	*012*	m²	**90,00**	84,00 96,00
		02	Kellerwände, Beton-Hohlblocksteine, D = 30 cm	*012*	m²	**112,00**	104,00 120,00
		03	Kellerwände, Beton-Hohlblocksteine, D = 36,5 cm	*012*	m²	**132,00**	125,00 143,00
		11	Kellerwände, Kalksandloch-Blocksteine 10 DF, D = 24 cm	*012*	m²	**83,00**	77,00 93,00
		12	Kellerwände, Kalksandloch-Blocksteine 10 DF, D = 30 cm	*012*	m²	**108,00**	101,00 117,00
		13	Kellerwände, Kalksandloch-Blocksteine 12 DF, D = 36,5 cm	*012*	m²	**132,00**	124,00 143,00
		21	Kellerwände, Kalksand-Planelemente, D = 24 cm	*012*	m²	**80,00**	75,00 89,00
		22	Kellerwände, Kalksand-Planelemente, D = 30 cm	*012*	m²	**91,00**	84,00 101,00
	11		**Tragende Innenwände, D = 11,5 cm Anlegen von Leeröffnungen ist anteilig eingerechnet**				
		01	Innenwände, Hochlochziegel 2 DF, D = 11,5 cm, Mörtelbett	*012*	m²	**76,00**	68,00 81,00
		11	Innenwände, Kalksand-Vollstein 2 DF, D = 11,5 cm, Mörtelbett	*012*	m²	**67,00**	61,00 75,00
		12	Innenwände, Kalksand-Blocksteine 5-6 DF, D = 11,5 cm, Mörtelbett	*012*	m²	**63,00**	56,00 71,00
		13	Innenwände, Kalksand-Planelemente, D = 11,5 cm, Dünnbett	*012*	m²	**60,00**	52,00 70,00
		21	Innenwände C 20/25, D = 11,5 cm, bewehrt, Normalschalung	*013*	m²	**150,00**	149,00 160,00
		22	Innenwände C 20/25, D = 11,5 cm, bewehrt, Flächenschalung	*013*	m²	**146,00**	142,00 150,00
	12		**Tragende Innenwände, D = 15,0 cm Anlegen von Leeröffnungen ist anteilig eingerechnet**				
		01	Innenwände, Kalksand-Planelemente, D = 15,0 cm, Dünnbett	*012*	m²	**65,00**	57,00 76,00
		11	Innenwände B 25, D = 15,0 cm, bewehrt, Normalschalung	*013*	m²	**156,00**	141,00 177,00
		12	Innenwände B 25, D = 15,0 cm, bewehrt, Flächenschalung	*013*	m²	**142,00**	128,00 160,00
		21	Innenwände, Betonfertigteil C 30/37, D = 15,0 cm	*013*	m²	**188,00**	184,00 193,00
		22	Innenwände, Betonfertigteil C 35/45, D = 15,0 cm	*013*	m²	**196,00**	185,00 203,00

Preisstand III/2017 Index 117,2 (2010 = 100) inkl. MWSt: 19 %

DIN	AK	AA	Bauteiltext	LB	Einheit	Mittelpreis EUR	Preisspanne EUR
341	13		**Tragende Innenwände, D = 17,5 cm Anlegen von Leeröffnungen ist anteilig eingerechnet**				
		01	Innenwände, Hochlochziegel 3 DF, D = 17,5 cm, Mörtelbett	*012*	m²	**93,00**	88,00 106,00
		02	Innenwände, Leichtbeton-Vollsteine 3 DF, D = 17,5 cm, Mörtelbett	*012*	m²	**73,00**	69,00 81,00
		11	Innenwände, Kalksand-Lochsteine 3 DF, D = 17,5 cm, Mörtelbett	*012*	m²	**73,00**	68,00 79,00
		12	Innenwände, KS-Loch-Blocksteine 7,5 DF, D = 17,5 cm, Mörtelbett	*012*	m²	**76,00**	70,00 86,00
		13	Innenwände, Kalksand-Planelemente, D = 17,5 cm, Dünnbett	*012*	m²	**66,00**	59,00 77,00
		21	Innenwände C 20/25, D = 17,5 cm, bewehrt, Normalschalung	*013*	m²	**116,00**	109,00 130,00
		22	Innenwände C 20/25, D = 17,5 cm, bewehrt, Flächenschalung	*013*	m²	**112,00**	105,00 124,00
		31	Innenwände, Betonfertigteil C 30/37, D = 17,5 cm	*013*	m²	**196,00**	183,00 207,00
		32	Innenwände, Betonfertigteil C 35/45, D = 17,5 cm	*013*	m²	**204,00**	188,00 219,00
	14		**Tragende Innenwände, D = 24 cm Anlegen von Leeröffnungen ist anteilig eingerechnet**				
		01	Innenwände, Hochlochziegel 4 DF, D = 24 cm, Mörtelbett	*012*	m²	**104,00**	97,00 114,00
		02	Innenwände, Leichtbeton-Vollsteine 5-6 DF, D = 24 cm, Mörtelbett	*012*	m²	**80,00**	71,00 88,00
		03	Innenwände, Kalksand-Lochsteine 5 DF, D = 24 cm, Mörtelbett	*012*	m²	**88,00**	83,00 101,00
		11	Innenwände, KS-Loch-Blocksteine 10+12 DF, D = 24 cm, Mörtelbett	*012*	m²	**86,00**	79,00 97,00
		12	Innenwände, Leichtbeton-Vollsteine 8 DF, D = 24 cm, Mörtelbett	*012*	m²	**80,00**	73,00 88,00
		13	Innenwände, Kalksand-Planelemente, D = 24 cm, Dünnbett	*012*	m²	**80,00**	75,00 92,00
		21	Innenwände C 20/25, D = 24 cm, bewehrt, Normalschalung	*013*	m²	**172,00**	159,00 185,00
		22	Innenwände C 20/25, D = 24 cm, bewehrt, Flächenschalung	*013*	m²	**166,00**	153,00 175,00
		31	Innenwände, Betonfertigteil C 30/37, D = 24 cm	*013*	m²	**204,00**	191,00 219,00
		32	Innenwände, Betonfertigteil C 35/45, D = 24 cm	*013*	m²	**212,00**	197,00 222,00

Preisstand III/2017 Index 117,2 (2010 = 100) inkl. MWSt: 19 %

DIN	AK	AA	Bauteiltext	LB	Einheit	Mittelpreis EUR	Preisspanne EUR
341	15		**Beton-Gebäudetrennwand, zweischalig einschließlich Schalung, raumseitig als Sichtschalung, Bewehrung nach Angabe der Tragwerksplanung eingerechnet, mit mind. 5 cm Luftschicht, 4 cm Dämmplatten, PE-Folie**				
		01	Ortbeton Gebäudetrennwand, Normalschalung, 2 x 15 cm	*013*	m²	**230,00**	217,00 250,00
		02	Ortbeton Gebäudetrennwand, Flächenschalung, 2 x 15 cm	*013*	m²	**222,00**	208,00 242,00
		03	Gebäudetrennwand, Betonfertigteil C 35/45, 2 x 15 cm	*013*	m²	**310,00**	288,00 339,00
		11	Ortbeton Gebäudetrennwand, Normalschalung, 15 + 20 cm	*013*	m²	**236,00**	222,00 260,00
		12	Ortbeton Gebäudetrennwand, Flächenschalung, 15 + 20 cm	*013*	m²	**230,00**	217,00 248,00
		13	Gebäudetrennwand, Betonfertigteil C 35/45, 15 + 20 cm	*013*	m²	**325,00**	311,00 360,00
	16		**Gebäudetrennwände in Mauerwerk in zweischaliger Ausführung, mit mindestens 5 cm Luftschicht**				
		01	Gebäudetrennwände, Hochlochziegel 2 DF, 2 x 11,5 cm	*012*	m²	**138,00**	130,00 163,00
		02	Gebäudetrennwände, KS-Vollstein 2 DF, 2 x 11,5 cm	*012*	m²	**124,00**	120,00 148,00
		03	Gebäudetrennwände, KS-Blockstein 5-6 DF, 2 x 11,5 cm	*012*	m²	**118,00**	115,00 140,00
		04	Gebäudetrennwände, KS-Planelemente, 2 x 11,5 cm	*012*	m²	**112,00**	106,00 134,00
		11	Gebäudetrennwände, KS-Planelemente, 2 x 15,0 cm	*012*	m²	**122,00**	118,00 142,00
		21	Gebäudetrennwände, Hochlochziegel 3 DF, 2 x 17,5 cm	*012*	m²	**160,00**	155,00 190,00
		22	Gebäudetrennwände, KS-Lochstein 3 DF, 2 x 17,5 cm	*012*	m²	**142,00**	137,00 169,00
		23	Gebäudetrennwände, KS-Blockstein 7,5 DF, 2 x 17,5 cm	*012*	m²	**138,00**	131,00 166,00
		24	Gebäudetrennwände, KS-Planelemente, 2 x 17,5 cm	*012*	m²	**126,00**	118,00 155,00

Hinweise für kostensparende Lösungen

- Aussteifende Innenwände müssen eine Mindestdicke von 11,5 cm haben und dürfen nicht in der Dicke verringert werden.
- Auf aussteifende Wände kann allerdings verzichtet werden, wenn nach Teil 2 DIN 1053 die Standfestigkeit einer oben belasteten Wand (unten und oben gehalten) rechnerisch nachgewiesen wird.
- Trennwände innen können dann in ihrer Dicke durchweg soweit verringert werden, wie es planerische und Schallschutzaspekte erlauben.
- Je nach Art des Mauerwerks können die Trennwanddicken durchgängig bei 6–7 cm liegen.
- Bei Verwendung von Planelementen oder geklebten Platten kann ein dicker Putzauftrag zugunsten eines 5 mm dünnen Spachtelauftrags entfallen.
- Die Planung sollte allerdings sicherstellen, dass wandhängende Einbauten wie WCs oder Waschtische nicht an dünnen Trennwänden angeordnet werden, um aufwendige Lastkonsolen zu vermeiden.
- Die zulässige Wandlänge von 6 cm dicken Trennwänden liegt bei dreiseitiger Lagerung (von Wand bis Türöffnung) bei ca. 3 m für 2,50 m Wandhöhe.
- Leichte Trennwände als Metallständerwerk mit GK-Beplankung erlauben eine problemlose Integration von Leitungen und können geringe Durchbiegungen schlank dimensionierter Decken aufnehmen.
- Werden aussteifende Wände durch Öffnungen geschwächt, so muss die verbleibende Mindestwandlänge 1/5 der Öffnungshöhe betragen (z.B. Türen).

DIN	AK	AA	Bauteiltext	LB	Einheit	Mittelpreis EUR	Preisspanne EUR
342	01		**Mauertrennwände, D = ca. 7-8 cm mit allen Anschlüssen und Aussparungen, aus Wandbauplatten**				
		01	Gipsdielen (oberflächenbündig), D = ca. 7-8 cm	*012*	m²	**54,00**	47,00 69,00
		02	KS-Wandbauplatten P7, D = ca. 7 cm	*012*	m²	**53,00**	47,00 62,00
		03	Gasbeton-Zwischenwandplatten, D = ca. 8 cm	*012*	m²	**54,00**	49,00 58,00
		04	Bims-Bauplatten, D = ca. 8 cm	*012*	m²	**54,00**	49,00 58,00
		05	Porenziegel-Zwischenwandplatten, D = ca. 8 cm	*012*	m²	**67,00**	62,00 72,00
	02		**Mauertrennwände, D = ca. 10 cm mit allen Anschlüssen und Aussparungen, aus Wandbauplatten**				
		01	Gasbeton-Zwischenwandplatten, D = ca. 10 cm	*012*	m²	**61,00**	56,00 65,00
		02	Bims-Bauplatten, D = ca. 10 cm	*012*	m²	**61,00**	56,00 65,00
		03	Porenziegel-Zwischenwandplatten, D = ca. 10 cm	*012*	m²	**74,00**	64,00 86,00
	03		**Mauertrennwände, D = ca. 11,5-12 cm mit allen Anschlüssen und Aussparungen, aus Wandbauplatten**				
		01	KS-Planelemente, D = ca. 11,5 cm	*012*	m²	**59,00**	55,00 70,00
		02	Gasbeton-Zwischenwandplatten, D = ca. 12 cm	*012*	m²	**66,00**	62,00 70,00
		03	Bims-Bauplatten, D = ca. 12 cm	*012*	m²	**66,00**	62,00 70,00
		04	Porenziegel-Zwischenwandplatten, D = ca. 11,5 cm	*012*	m²	**80,00**	71,00 92,00
	11		**Metallständerwände D = ca. 7,5-10 cm, mit Tragkonstruktion, Wärmedämmung, beidseitiger Gipskartonbeplankung 12,5 mm, Wandanschlüsse, Fugenüberdeckung und Spachtelung**				
		01	GK-Bauplatten, beidseitig, Metallständerwerk, D = 7,5 cm	*039*	m²	**41,00**	35,00 47,00
		11	GK-Bauplatten, beidseitig, Metallständerwerk	*039*	m²	**43,00**	40,00 61,00
		12	GK-Bauplatten, 2 x beidseitig, Metallständerwerk	*039*	m²	**67,00**	62,00 83,00
		21	GK-Feuchtraumplatten, beidseitig, Metallständerwerk	*039*	m²	**55,00**	51,00 70,00
		22	GK-Feuchtraumplatten, 2 x beidseitig, Metallständerwerk	*039*	m²	**73,00**	69,00 92,00

Preisstand III/2017 Index 117,2 (2010 = 100) inkl. MWSt: 19 %

Hinweise für kostensparende Lösungen

- Durch gleichmäßige Auflasten und gleichmäßige Lastabtragung sollte bei der Planung versucht werden, gesonderte Punktlasten zu vermeiden, die Stützen erforderlich machen können.
- Wandteile unter 1000 cm^2 Querschnitt sind nach DIN 1053 Teil II als Pfeiler einzustufen.

Weiterhin wird für Pfeiler ein Mindestquerschnitt von 400 cm^2 gefordert. Damit müssen tragende Wandteile, die dieses Mindestmaß unterschreiten, zusätzlich aufgedickt werden.

Bei Beachtung der Mindestbreiten von Pfeilermauerwerk ergeben sich so Mindestbreiten von Pfeilern

B = 35 cm bei 11,5er Wänden

B = 35 cm bei 15er Wänden

B = 24 cm bei 17,5er Wänden

B = 17,5 cm bei 24er Wänden

Diese Kosten der zusätzlichen Querschnittserhöhung, die oft Nutzungsprobleme (Möblierungen) mit sich bringt, sind einzusparen.

DIN	AK	AA	Bauteiltext	LB	Einheit	Mittelpreis EUR	Preisspanne EUR
343	01		**Verstärkung Mauerwerk D = 11,5/17,5 cm, ohne zusätzliche Punktlasten bei Unterschreitung des Pfeiler-Mindestquerschnittes, Ausführung in erhöhter Tragfestigkeit mit 2,5-facher Sicherheit**				
		01	Vorlagen, B = 17,5 x 24 cm, Hochlochziegel 2 DF	*012*	m	**26,00**	22,00 29,00
		02	Vorlagen, B = 17,5 x 24 cm, KS-Vollstein 2 DF	*012*	m	**22,00**	19,00 22,00
		03	Vorlagen, B = 17,5 x 24 cm, KS-Planelemente	*012*	m	**30,00**	28,00 31,00
	11		**Beton-Innenstützen zur zusätzlichen Abtragung von Einzellasten, einschl. Schalung und Bewehrung sowie Ausbildung der Fuß- und Deckenanschlüsse**				
		01	Betonstützen, Q = ca. 60 x 12 cm	*013*	m	**148,00**	142,00 150,00
		02	Betonstützen, Q = ca. 20 x 20 cm	*013*	m	**104,00**	101,00 108,00
		03	Betonstützen, Q = ca. 24 x 24 cm	*013*	m	**114,00**	109,00 119,00
	12		**Stahl-Innenstützen zur zusätzlichen Abtragung von Einzellasten, einschl. Ausbildung der Fuß- und Deckenanschlüsse**				
		01	Walzprofil-Stahlstützen bis IPBL 100	*017*	m	**72,00**	67,00 76,00
		02	Walzprofil-Stahlstützen bis IPBL 160	*017*	m	**144,00**	138,00 156,00
		03	Walzprofil-Stahlstützen bis IPBL 200	*017*	m	**184,00**	173,00 209,00
		11	Hohlprofil-Stahlstützen bis Q-Rohr 100	*017*	m	**54,00**	49,00 61,00
		12	Hohlprofil-Stahlstützen bis Q-Rohr 160	*017*	m	**81,00**	75,00 88,00
		13	Hohlprofil-Stahlstützen bis Q-Rohr 200	*017*	m	**122,00**	115,00 130,00

Preisstand III/2017 Index 117,2 (2010 = 100) inkl. MWSt: 19 %

Hinweise für kostensparende Lösungen

- In der Konstruktion von Türblättern gibt es eine vielfache Abstufung in der Qualität. Von Lamellen und Wabentüren über Röhrenspan- und Vollspantüren bis zur Vollholztüre.
- Ebenso besitzt die Oberflächengestaltung der Türblätter einen erheblichen Kosteneinfluss, hier werden vielfältige Lösungen angeboten.
- Es sollte bei der Qualitätsfestlegung beachtet werden, dass Türblätter leicht ausgetauscht und durch qualitativ andersartige ersetzt werden können, Zargen nur mit größerem Aufwand.
- Die Maulweite von Umfassungszargen (z.B. 7 cm Wand bis 24 cm Wand) wirkt sich auf den Bauteilpreis aus, dem gegenüber ist der Einfluss der Türbreite relativ gering.
- Glasausschnitte als Zulagen verursachen erhebliche Mehrkosten je Türe.
- Schiebetüren stellen eine raumsparende Lösung dar und ermöglichen zum Teil bessere Raumausnutzung, sind aber teurer als Drehtüren.
- Raumhohe Blockzargen mit festverglastem Oberlicht sind manchmal kostengünstiger als Mauerwerk mit Sturzausbildung, Putz und Tapeten oberhalb der Türe.

DIN	AK	AA	Bauteiltext	LB	Einheit	Mittelpreis EUR	Preisspanne EUR
344	01		**Innentüren als Normtüren in Standardmaßen bis 88,5 cm, Höhe 2,01 m, mit einem Türblatt in Standardumfassungszarge, umlaufender Dichtung und Türschloss, mit allen Befestigungsteilen und Anschlüssen und Oberflächenbehandlung**				
		01	Innentüren, einfaches Türblatt, WD bis 11,5 cm	*902*	St	**290,00**	262,00 315,00
		02	Innentüren, einfaches Türblatt, WD bis 24,0 cm	*902*	St	**300,00**	268,00 329,00
		11	Innentüren, gehobenes Türblatt, 11,5 cm	*902*	St	**350,00**	322,00 376,00
		12	Innentüren, gehobenes Türblatt, WD bis 24,0 cm	*902*	St	**380,00**	349,00 403,00
	02		**Innentüren als Normtüren in Standardmaßen bis 88,5 cm, Höhe 2,135 m, mit einem Türblatt in Standardumfassungszarge, umlaufender Dichtung und Türschloss, mit allen Befestigungsteilen und Anschlüssen und Oberflächenbehandlung**				
		01	Innentüren, einfaches Türblatt, WD bis 11,5 cm	*902*	St	**310,00**	278,00 335,00
		02	Innentüren, einfaches Türblatt, WD bis 24,0 cm	*902*	St	**320,00**	288,00 376,00
		11	Innentüren, gehobenes Türblatt, WD bis 11,5 cm	*902*	St	**375,00**	346,00 409,00
		12	Innentüren, gehobenes Türblatt, WD bis 24,0 cm	*902*	St	**405,00**	349,00 436,00
	03		**Sonderbauteile Innentüren als Zulage zu Innentüren, mit den erforderlichen Nebenarbeiten und Befestigungsmitteln**				
		01	Lüftungssiebe in Innentüren	*902*	St	**27,00**	24,00 28,00
		11	kleine Glasausschnitte in Innentüren	*902*	St	**53,00**	49,00 55,00
		12	große Glasausschnitte in Innentüren	*902*	St	**88,00**	83,00 90,00
		21	Zylinder-Sicherheitsschloss in Innentüren	*902*	St	**41,00**	38,00 42,00
		22	Türspion in Innentüren	*902*	St	**15,00**	13,00 16,00

Preisstand III/2017 Index 117,2 (2010 = 100) inkl. MWSt: 19 %

DIN	AK	AA	Bauteiltext	LB	Einheit	Mittelpreis EUR	Preisspanne EUR
344	04		**Raumhohe Innentüren mit festverglastem Oberlicht in der Zarge, als Holzkonstruktion, Höhe ca. 2,50 m, mit Türblatt, Türschloss, umlaufender Dichtung, allen Befestigungsteilen und Anschlüssen, Oberflächenbehandlung**				
		01	raumhohe Innentüren, einfach, Durchgangsmaß ca. 71 cm	*902*	St	**360,00**	347,00 374,00
		02	raumhohe Innentüren, einfach, Durchgangsmaß ca. 83 cm	*902*	St	**375,00**	357,00 384,00
		11	raumhohe Innentüren, gehoben, Durchgangsmaß ca. 71 cm	*902*	St	**540,00**	520,00 547,00
		12	raumhohe Innentüren, gehoben, Durchgangsmaß ca. 83 cm	*902*	St	**555,00**	540,00 567,00
	05		**Ganzglas-Innentüren als Normtüren in Standardmaßen, Höhe 2,01 m, in Stahlumfassungszarge, mit umlaufender Dichtung, Beschlag und Türschloss, mit allen Befestigungsmitteln und Anschlüssen, Oberflächenbehandlung der Zarge**				
		01	Ganzglas-Innentüren, einfache Ausführung, B = 76 cm	*902*	St	**510,00**	493,00 520,00
		02	Ganzglas-Innentüren, einfache Ausführung, B = 88,5 cm	*902*	St	**525,00**	507,00 534,00
		11	Ganzglas-Innentüren, gehobene Ausführung, B = 76 cm	*902*	St	**565,00**	554,00 574,00
		12	Ganzglas-Innentüren, gehobene Ausführung, B = 88,5 cm	*902*	St	**590,00**	577,00 604,00
	06		**Ganzglas-Innentüren als Normtüren in Standardmaßen, Höhe 2,135 m, in Stahlumfassungszarge, mit umlaufender Dichtung, Beschlag und Türschloss, mit allen Befestigungsmitteln und Anschlüssen, Oberflächenbehandlung der Zarge**				
		01	Ganzglas-Innentüren, einfache Ausführung, B = 76 cm	*902*	St	**530,00**	493,00 550,00
		02	Ganzglas-Innentüren, einfache Ausführung, B = 88,5 cm	*902*	St	**545,00**	507,00 584,00
		11	Ganzglas-Innentüren, gehobene Ausführung, B = 76 cm	*902*	St	**585,00**	554,00 608,00
		12	Ganzglas-Innentüren, gehobene Ausführung, B = 88,5 cm	*902*	St	**610,00**	577,00 645,00

Preisstand III/2017 Index 117,2 (2010 = 100) inkl. MWSt: 19 %

DIN	AK	AA	Bauteiltext	LB	Einheit	Mittelpreis EUR	Preisspanne EUR
344	11		**Sonder-Innentüren für Normalöffnungen mit allen Beschlägen und Befestigungsteilen, Dichtung, Oberflächenbehandlung**				
		01	einfache Schiebetüren	*902*	St	**805,00**	786,00 826,00
		02	Schiebetüren	*902*	St	**980,00**	958,00 998,00
		11	einfache Falttüren	*902*	St	**425,00**	409,00 436,00
		12	Falttüren	*902*	St	**740,00**	702,00 782,00
		21	Brettertüren für Keller/Dachraum	*902*	St	**222,00**	215,00 228,00
		22	Stahltüren in Stahlzarge	*902*	St	**290,00**	280,00 302,00
	12		**Innenfenster, -fenstertüren bestehend aus Blendrahmen und Dreh-/Kippflügeln, mit Einfachverglasung, Oberflächenbehandlung, dauerelastischen Anschlüssen, aus Holz oder Kunststoff**				
		01	Innenfenster, einflg., Größe bis 0,5 m²	*902*	m²	**715,00**	699,00 726,00
		02	Innenfenster, einflg., Größe 0,5-1,0 m²	*902*	m²	**325,00**	315,00 336,00
		03	Innenfenster, einflg., Größe 1,0-2,0 m²	*902*	m²	**280,00**	274,00 288,00
		11	Innenfenster, mehrflg., Größe bis 1,0 m²	*902*	m²	**390,00**	369,00 397,00
		12	Innenfenster, mehrflg., Größe 1,0-2,0 m²	*902*	m²	**330,00**	315,00 342,00
		13	Innenfenster, mehrflg., Größe über 2,0 m²	*902*	m²	**305,00**	295,00 315,00
	21		**Innenverglasungen, feststehend aus Holz oder Kunststoff, bestehend aus einer Blendrahmenkonstruktion mit Einfachverglasung, Oberflächenbehandlung, dauerelastische Versiegelung**				
		01	Innenverglasungen, Größe bis 1,0 m²	*027*	m²	**222,00**	214,00 228,00
		02	Innenverglasungen, Größe 1,0 bis 2,0 m²	*027*	m²	**198,00**	190,00 204,00
		03	Innenverglasungen, Größe über 2,0 m²	*027*	m²	**180,00**	173,00 187,00

Preisstand III/2017 Index 117,2 (2010 = 100) inkl. MWSt: 19 %

340

Hinweise für kostensparende Lösungen

- Bei Verwendung von Gipsdielen, Gasbetonmauerwerk oder Planelementen kann auf den herkömmlichen 1,5 cm starken Putz verzichtet werden, hier kann ein 5 mm Spachtelputz angewendet werden.
- Betonwände in Tafel- oder Geschossflächenschalweise erfordern innen nur noch eine geringfügige Spachtelung, bei sorgfältiger Arbeitsweise kann auf Spachtelung sogar verzichtet werden.
- Auf glatte Wandflächen von Planelementen oder Betonwänden kann anstelle der Spachtelung ein Spritz-Struktur-Putz aufgebracht werden.
- Innere Wandflächen oder Betonflächen können anstelle von Tapeten lediglich einen Anstrich erhalten.
- Durch Verringerung der lichten Raumhöhe um 10 cm können Wandflächen und Wandbekleidungen eingespart werden.
- Auf Wandbekleidungen von Kellerräumen kann verzichtet werden.
- In Gäste-WCs kann auf Fliesen als Wandbelag zugunsten einer abwaschbaren Vinyltapete oder eines abwaschbaren Anstrichs verzichtet werden.
- Auf Fliesenspiegel in der Küche kann verzichtet werden.
- Wandoberflächen in Bädern brauchen nur im Bereich direkter Feuchtigkeitseinwirkung über Liegewanne/Duschwanne gefliest zu werden, übrige Wandflächen sind in Vinyltapete oder Anstrich möglich.
- Als Tapeten sind für die erste Wandbehandlung einfache, leichte Tapeten ausreichend.

DIN	AK	AA	Bauteiltext	LB	Einheit	Mittelpreis EUR	Preisspanne EUR
345	**01**		**Innen-Wandfertigputz auf Beton oder Mauerwerk, einschl. der erforderlichen Vorarbeiten, Streckmetallüberdeckungen, Eckschutzschienen, Glätten der Oberfläche**				
		01	Gips-Kunststoffspachtelputz, innen, D = 2 mm	*023*	m²	**10,00**	9,00 10,00
		02	Zementspachtelputz, innen, D = 2 mm	*023*	m²	**11,50**	10,00 12,00
		03	Dünnputz, innen, D = 4-6 mm	*023*	m²	**13,50**	11,00 14,00
		11	Kalk-Gips-Putz, einlagig, innen, D = 10-15 mm	*023*	m²	**17,50**	17,00 18,00
		13	Kalk-Gips-Putz, zweilagig, innen, D = bis 15 mm	*023*	m²	**20,50**	20,00 22,00
		21	Zement-Dichtungsschlämme, innen	*023*	m²	**12,50**	12,00 14,00
		22	Zement-Rapputz, innen	*023*	m²	**16,00**	15,00 17,00
		23	Zementputz, einlagig, innen, D = 10-15 mm	*023*	m²	**19,50**	17,00 20,00
		24	Zementputz, zweilagig, innen, D = 15-20 mm	*023*	m²	**26,00**	25,00 27,00

Preisstand III/2017 Index 117,2 (2010 = 100) inkl. MWSt: 19 %

DIN	AK	AA	Bauteiltext	LB	Einheit	Mittelpreis EUR	Preisspanne EUR
345	02		**Gipskarton-Wandbekleidungen auf verschiedenen Untergründen, einschl. der erforderlichen Befestigungsmittel, Überspannen und Spachteln der Fugen und sämtlicher Anschlüsse**				
		01	Trockenputz GKB 9,5 mm, Ansetzbinder	*039*	m²	**23,50**	23,00 24,00
		02	Trockenputz GKB 12,5 mm, Ansetzbinder	*039*	m²	**26,00**	25,00 27,00
		03	Trockenputz GKB-I-12,5 mm, Ansetzbinder	*039*	m²	**29,00**	26,00 31,00
		11	Trockenputz GKB 9,5 mm auf Lattung	*039*	m²	**39,00**	37,00 41,00
		12	Trockenputz GKB 12,5 mm auf Lattung	*039*	m²	**44,00**	41,00 45,00
		13	Trockenputz GKB-I-12,5 mm auf Lattung	*039*	m²	**45,00**	42,00 48,00
		21	GK-Verbundplatte 4 cm Dämm., Ansetzbinder	*039*	m²	**31,00**	28,00 33,00
		22	GKB-I-Verbundplatte 4 cm Dämm., Ansetzbinder	*039*	m²	**36,00**	30,00 38,00
		23	GKB-Verbundplatte 4 cm Dämm., Lattung	*039*	m²	**51,00**	46,00 53,00
		24	GKB-I-Verbundplatte 4 cm Dämm., Lattung	*039*	m²	**55,00**	50,00 57,00
		31	Vorsatzschale GKB 12,5 mm, Metallst.	*039*	m²	**65,00**	62,00 68,00
		32	Vorsatzschale GKB-I 12,5 mm, Metallst.	*039*	m²	**68,00**	65,00 71,00
		33	Vorsatzschale 2 x GKB 12,5 mm, Metallst.	*039*	m²	**77,00**	73,00 82,00
		34	Vorsatzschale 2 x GKB-I 12,5 mm, Metallst.	*039*	m²	**81,00**	77,00 87,00
	03		**Innen-Kunststoffbeschichtungen als fertige Wandbekleidungen, einschl. der erforderlichen Vorarbeiten, mit allen Anschlüssen und Oberflächenbearbeitung, durchgefärbt**				
		01	Einfacher Rollputz mit Struktur, innen	*023*	m²	**20,50**	18,00 22,00
		02	Gehobener Rollputz mit Struktur, innen	*023*	m²	**24,50**	20,00 26,00
		11	Einfacher Spritzputz mit Struktur, innen	*023*	m²	**17,50**	14,00 18,00
		12	Gehobener Spritzputz mit Struktur, innen	*023*	m²	**21,50**	18,00 22,00
		21	Einfacher Buntstein-Reibeputz, innen	*023*	m²	**26,00**	22,00 28,00
		22	Gehobener Buntstein-Reibeputz, innen	*023*	m²	**29,00**	26,00 32,00

Preisstand III/2017 Index 117,2 (2010 = 100) inkl. MWSt: 19 %

DIN	AK	AA	Bauteiltext	LB	Einheit	Mittelpreis EUR	Preisspanne EUR
345	**11**		**Innen-Wandanstriche auf verschiedenen Untergründen, einschl. der erforderlichen Vorarbeiten und Abdeckungen**				
		01	Dispersionsanstrich, innen, waschfest	*034*	m²	**4,00**	2,00 4,00
		02	Dispersionsanstrich, innen, scheuerfest	*034*	m²	**4,75**	4,00 5,00
		03	Dispersionsanstrich auf GK, innen, waschfest	*034*	m²	**4,75**	4,00 5,00
		04	Dispersionsanstrich auf GK, innen, scheuerfest	*034*	m²	**5,50**	4,00 6,00
		11	Holz-Imprägnierungslasur, innen	*034*	m²	**8,50**	7,00 9,00
		12	Holz-Dickschichtlasur, innen	*034*	m²	**11,50**	10,00 12,00
		13	Holzlackierung, innen, mit Acryllack	*034*	m²	**12,50**	10,00 14,00
	12		**Tapeten auf Wänden auf Putz- oder Betonflächen, einschl. der erforderlichen Vorarbeiten, Verschnitt eingerechnet, mit allen Abdeckungen, einschl. Tapetenlieferung**				
		01	Leichte Papiertapete, ca. 5,00 EUR/Rolle	*037*	m²	**11,50**	10,00 12,00
		02	Mittlere Tapete, ca. 7,00 EUR/Rolle	*037*	m²	**14,00**	11,00 15,00
		03	Mittlere Tapete, ca. 11,50 EUR/Rolle	*037*	m²	**16,00**	13,00 18,00
		11	Raufaser, Anstrich	*037*	m²	**9,50**	8,00 10,00
		21	Vinyltapete, ca. 9,00 EUR/Rolle	*037*	m²	**21,50**	18,00 22,00
		22	Vinyltapete, ca. 17,00 EUR/Rolle	*037*	m²	**29,00**	26,00 30,00

Preisstand III/2017 Index 117,2 (2010 = 100) inkl. MWSt: 19 %

DIN	AK	AA	Bauteiltext	LB	Einheit	Mittelpreis EUR	Preisspanne EUR
345	21		**Wandfliesen auf Putz- oder Betonflächen, einschl. Vorbehandlung des Untergrundes, mit Verfugung und dauerelastischer Abdichtung**				
		01	Wandfliesen, Dünnbett, Material ca. 12,00 EUR/m²	*024*	m²	**65,00**	58,00 69,00
		02	Wandfliesen, Dünnbett, Material ca. 20,00 EUR/m²	*024*	m²	**79,00**	77,00 82,00
		03	Wandfliesen, Dünnbett, Material ca. 28,00 EUR/m²	*024*	m²	**99,00**	94,00 109,00
		11	Wandfliesen in Mörtelbett, Material ca. 12,00 EUR/m²	*024*	m²	**92,00**	88,00 94,00
		12	Wandfliesen in Mörtelbett, Material ca. 20,00 EUR/m²	*024*	m²	**110,00**	105,00 112,00
		13	Wandfliesen in Mörtelbett, Material ca. 28,00 EUR/m²	*024*	m²	**118,00**	116,00 122,00
	31		**Holzwandbekleidungen innen auf verschiedenen Untergründen, einschl. Unterkonstruktion, imprägniert, mit allen Befestigungsmitteln, Verschnitt eingerechnet**				
		01	Nadelholz Wandbekleidungen, Normalprofile	*027*	m²	**84,00**	80,00 87,00
		02	Nadelholz Wandbekleidungen, Sonderprofile	*027*	m²	**108,00**	104,00 110,00
		03	Holzwandbekleidungen, gehobene Ausführung	*027*	m²	**120,00**	114,00 127,00
		11	Edelholz Wandbekleidungen, Normalprofile	*027*	m²	**120,00**	110,00 131,00
		12	Edelholz Wandbekleidungen, Sonderprofile	*027*	m²	**152,00**	141,00 161,00
	41		**Dämmfüllungen Innenwandbekleidung für die Schall- und Wärmedämmung von Schlitzen, Durchbrüchen, Vorsatzschalen, Duschwannen**				
		01	Lose Mineralwolle als Dämmfüllung	*039*	m³	**50,00**	43,00 57,00
		02	Lose Polystyrolschüttung als Dämmfüllung	*039*	m³	**156,00**	141,00 168,00
		03	Mineralischer 2-Komponentenschaum als Dämmfüllung	*039*	m³	**255,00**	243,00 270,00

Preisstand III/2017 Index 117,2 (2010 = 100) inkl. MWSt: 19 %

Hinweise für kostensparende Lösungen

- Trennwandelemente und Paneelwände als Zwischenwände erlauben durch Vorfertigung eine schnelle Montage auf der Baustelle.
- Einfache Zwischenwand-Elementsysteme können manchmal kostengünstiger sein als Platten- oder Gipskartonmontagewände, es sollten allerdings Schallschutzanforderungen überprüft werden.
- Flexible Trennwand-Elementsysteme sind teurer als festmontierte.
- Installationsführungen und Anordnungen von wandhängenden Gegenständen sollten sorgsam geplant werden. Nicht jede Wandkonstruktion eignet sich hier.
- Schräge Wand-Ecken wirken sich meist wesentlich verteuernd aus.

DIN	AK	AA	Bauteiltext	LB	Einheit	Mittelpreis EUR	Preisspanne EUR
346	01		**Wandelemente mit Kernfüllung bestehend aus einer verpressten Kernfüllung auf einem unteren Holzriegel (Isolierfüllung), mit beidseitig aufgeklebter Gipskartonplatte D = 9,5 mm, mit Ausbildung der Anschlüsse und Verspachtelung der Fugen**				
		01	Normal-Wandelement, D = 7 cm	*904*	m²	**77,00**	72,00 83,00
		02	Normal-Wandelement + Vorsatzsch., D = 11,5 cm	*904*	m²	**126,00**	121,00 128,00
		11	Nassraum-Wandelement, D = 7 cm	*904*	m²	**80,00**	75,00 87,00
		12	Nassraum-Wandelement + Vorsatzsch., D = 11,5 cm	*904*	m²	**134,00**	125,00 138,00
		21	Türöffnung in Wandelementen herstellen, D = 7 cm	*904*	m²	**25,00**	20,00 30,00
		22	Türöffnung in Wandelementen herstellen, D = 11,5 cm	*904*	m²	**29,00**	24,00 32,00
	11		**Gipskarton-Paneelwände bestehend aus raumhohen, senkrecht zu montierenden Paneelen aus beidseitig auf eine Mineralfaserplatte aufgebrachten Gipskartonplatten (2 x 9,5 mm) in oberer und unterer Führung aus Holzlatten oder C-Profilen mit Anschlussausbildung und Spachtelung**				
		01	Normal-Paneelwände, D = 7 cm	*904*	m²	**79,00**	74,00 81,00
		02	Normal-Paneelwände, D = 10 cm	*904*	m²	**81,00**	78,00 84,00
		11	Feuchtraum-Paneelwände, D = 7 cm	*904*	m²	**81,00**	78,00 84,00
		12	Feuchtraum-Paneelwände, D = 10 cm	*904*	m²	**88,00**	83,00 90,00
		21	Türöffnungen in Paneelwänden herstellen, D = 7 cm	*904*	m²	**23,50**	20,00 26,00
		22	Türöffnungen in Paneelwänden herstellen, D = 10 cm	*904*	m²	**26,00**	24,00 30,00

Hinweise für kostensparende Lösungen

Decken

- Die Planung weitestgehend gleicher Deckenspannweiten ermöglicht die Serienfertigung und Kostensenkung durch Einsatz von Fertigteilen oder Schalungsserien.
- Bei gleichen Deckenspannweiten sind Ortbetondecken mit Großflächenschalung herzustellen.
- Fertigteildecken erfordern niedrige Bauteilkosten und tragen auch durch Reduzierung der Bauzeit zur Kostenersparnis bei.
- Bei Fertigteildecken und Großflächenschalung ist unterseitig nur eine Spachtelung der Stoßfugen ohne Verputz erforderlich.
- Gegenüber einachsiger Lastabtragung ist bei kreuzweiser, gleichmäßiger Lastverteilung die Deckenstärke um bis zu 25 % zu reduzieren.
- Werden auf Decken Trennwände angeordnet, die geringe Verformungen aufnehmen können, z.B. Metallständerwerk, so ist eine stärkere Deckendurchbiegung zulässig als bei relativ starren Trennwänden.
- Damit kann eine Reduzierung der Deckenstärke um bis zu 25 % erfolgen, vor allem bei Spannweiten über 4,50 m.
- Bei durchlaufenden Decken ist gegenüber Einzeldecken auch schon bei einseitiger Einspannung eine Reduzierung der Deckenstärke um bis zu 35 % und zusätzliche Stahleinsparung möglich.
- Deckenstärken auch unter 16 cm Dicke sind rechnerisch möglich, es sind jedoch Schallschutzaspekte zu beachten.

Treppen

- Gerade laufende Treppen sind kostengünstiger herzustellen als Treppen mit Wendelungen.
- Bei gewendelten Treppen sollte die Zahl der gewendelten Stufen verringert werden. Die DIN für Treppen ist zu beachten.
- Auf die Anordnung von Setzstufen sollte aus Kostengründen verzichtet werden, wenn dies planerisch möglich erscheint.
- Reduzierung der Geschosshöhe durch Verringerung der lichten Raumhöhe und Optimierung der Deckenstärke kann Treppenstufen einsparen.
- Erhöhung der Treppensteigung um 1,5 cm spart je Geschoss eine Treppenstufe. Steigungen bis 20 cm Höhe sind im Einfamilienhaus möglich. Es ist darauf zu achten, dass in den einzelnen Bundesländern unterschiedliche Vorschriften bestehen.

- Verringerung der Auftritttiefe vermindert die Lauflänge von Treppen und ermöglicht damit eine Reduzierung des Bauteilpreises (z.B. Auftritt 23 cm).
- Weniger Treppenstufen und verkürzte Lauflänge können mehr nutzbare Wohnfläche ergeben, wenn diese Faktoren planerisch ausreichend berücksichtigt werden.
- Die Reduzierung von Treppenbreiten auf bis zu 80 cm kann den Bauteilpreis senken und zusätzlich nutzbare Wohnfläche schaffen, wenn der Nutzwert der Treppe dadurch nicht unangemessen beeinträchtigt wird.
- Die Konstruktionsstärken der Treppen können optimiert werden und erlauben geringere Querschnitte, dadurch kann allerdings die Notwendigkeit zusätzlicher Befestigung oder Abstützung der Wandwange entstehen (Schallschutz beachten).
- Holz- oder Stahl-/Holzkonstruktionen sind preiswerter als Betontreppen und besitzen ein geringeres Eigengewicht.
- Untergeordnete Treppen können als Schiffs- oder Leitertreppen ausgeführt werden und Wohnfläche und Kosten sparen.
- Der Verzicht auf Kelleraußentreppen erspart erhebliche Kosten.
- Eingangs-Außentreppen können durch planerische Höhenfestlegung und Geländeausbildung vermieden werden.
- Falls Kelleraußentreppen erforderlich werden, kann für 2 Häuser eine gemeinsame Treppe ausgeführt werden.

DIN	AK	AA	Bauteiltext	*LB*	Ein-heit	Mittelpreis EUR	Preisspanne EUR
351	**01**		**Ortbetondecke, Einfeldplatten, Leichtbauwand oberseitig, mit verringerter Anforderung an die Deckendurchbiegung, einachsige Lastabtragung, einschl. Abstützung, Schalung und Bewehrung**				
		01	Einfeld-Ortbetondecke, bis 5,0 m, D = ca. 16 cm, Tafelschalung	*013*	m²	**102,00**	97,00 104,00
		02	Einfeld-Ortbetondecke, bis 5,5 m, D = ca. 18 cm, Tafelschalung	*013*	m²	**106,00**	100,00 112,00
		03	Einfeld-Ortbetondecke, bis 6,0 m, D = ca. 20 cm, Tafelschalung	*013*	m²	**110,00**	103,00 111,00
		04	Einfeld-Ortbetondecke, bis 6,5 m, D = ca. 22 cm, Tafelschalung	*013*	m²	**108,00**	100,00 111,00
		11	Einfeld-Ortbetondecke, bis 5,0 m, D = ca. 16 cm, Großfl. Schalung	*013*	m²	**93,00**	87,00 97,00
		12	Einfeld-Ortbetondecke, bis 5,5 m, D = ca. 18 cm, Großfl. Schalung	*013*	m²	**96,00**	90,00 100,00
		13	Einfeld-Ortbetondecke, bis 6,0 m, D = ca. 20 cm, Großfl. Schalung	*013*	m²	**102,00**	97,00 107,00
		14	Einfeld-Ortbetondecke, bis 6,5 m, D = ca. 22 cm, Großfl. Schalung			**102,00**	96,00 106,00
	02		**Ortbetondecke, Einfeldplatten, Massivtrennwand oberseitig, mit erhöhter Anforderung an die Deckendurchbiegung, einachsige Abstützung, Schalung und Bewehrung**				
		01	Einfeld-Ortbetondecke, bis 4,5 m, D = ca. 16 cm, Tafelschalung	*013*	m²	**114,00**	107,00 121,00
		02	Einfeld-Ortbetondecke, bis 5,0 m, D = ca. 19 cm, Tafelschalung	*013*	m²	**120,00**	114,00 125,00
		03	Einfeld-Ortbetondecke, bis 5,5 m, D = ca. 22 cm, Tafelschalung	*013*	m²	**124,00**	117,00 128,00
		04	Einfeld-Ortbetondecke, bis 6,0 m, D = ca. 26 cm, Tafelschalung	*013*	m²	**134,00**	130,00 138,00
		11	Einfeld-Ortbetondecke, bis 4,5 m, D = ca. 16 cm, Großfl. Schalung	*013*	m²	**106,00**	100,00 114,00
		12	Einfeld-Ortbetondecke, bis 5,0 m, D = ca. 19 cm, Großfl. Schalung	*013*	m²	**114,00**	107,00 121,00
		13	Einfeld-Ortbetondecke, bis 5,5 m, D = ca. 22 cm, Großfl. Schalung	*013*	m²	**116,00**	110,00 120,00
		14	Einfeld-Ortbetondecke, bis 6,0 m, D = ca. 26 cm, Großfl. Schalung	*013*	m²	**124,00**	117,00 128,00

DIN	AK	AA	Bauteiltext	LB	Einheit	Mittelpreis EUR	Preisspanne EUR
351	**03**		**Ortbetondecke durchlaufend, Leichtwand oberseitig mit verringerter Anforderung an die Deckendurchbiegung, einachsige Lastabtragung, einschl. Abstützung, Schalung und Bewehrung**				
		01	Durchlauf-Ortbetondecke, bis 5,0 m, D = ca. 16 cm, Tafelschalung	*013*	m²	**93,00**	88,00 101,00
		02	Durchlauf-Ortbetondecke, bis 6,0 m, D = ca, 20 cm, Tafelschalung	*013*	St	**100,00**	93,00 107,00
		11	Durchlauf-Ortbetondecke, bis 5,0 m, D = ca. 16 cm, Großfl. Schalung	*013*	m²	**86,00**	79,00 90,00
		12	Durchlauf-Ortbetondecke,bis 5,5 m, D = ca. 18 cm, Großfl. Schalung	*013*	m²	**89,00**	83,00 94,00
		13	Durchlauf-Ortbetondecke, bis 6,0 m, D = ca. 20 cm, Großfl. Schalung	*013*	m²	**92,00**	86,00 97,00
	04		**Ortbetondecke durchlaufend, Massivwand oberseitig mit erhöhter Anforderung an die Deckendurchbiegung, einachsige Lastabtragung, einschl. Abstützung, Schalung und Bewehrung**				
		01	Durchlauf-Ortbetondecke, bis 5,0 m, D = ca. 16 cm, Tafelschalung	*013*	m²	**96,00**	92,00 100,00
		02	Durchlauf-Ortbetondecke, bis 5,5 m, D = ca. 18 cm, Tafelschalung	*013*	m²	**102,00**	98,00 108,00
		03	Durchlauf-Ortbetondecke, bis 6,0 m, D = ca. 20 cm, Tafelschalung	*013*	m²	**106,00**	102,00 111,00
		11	Durchlauf-Ortbetondecke, bis 5,0 m, D = ca. 16 cm, Großfl. Schalung	*013*	m²	**89,00**	85,00 92,00
		12	Durchlauf-Ortbetondecke, bis 5,5 m, D = ca. 18 cm, Großfl. Schalung	*013*	m²	**93,00**	89,00 97,00
		13	Durchlauf-Ortbetondecke, bis 6,0 m, D = ca. 20 cm, Großfl. Schalung	*013*	m²	**96,00**	92,00 102,00

DIN	AK	AA	Bauteiltext	LB	Einheit	Mittelpreis EUR	Preisspanne EUR
351	**11**		**Spannbetonplattendecke, Einfeldplatten mit 5 cm Elementdicke, oberseitig aufgebrachte obere Bewehrung und Ortbeton, einschl. Unterstützung und Randschalung, Unterseite glatte Sichtflächen, einachsige Lastabtragung**				
		01	Einfeld-Spannbetondecke, L bis 4,0 m, D = 16 cm	*013*	m²	**71,00**	65,00 72,00
		02	Einfeld-Spannbetondecke, L bis 4,5 m, D = 18 cm	*013*	m²	**78,00**	75,00 80,00
		03	Einfeld-Spannbetondecke, L bis 5,0 m, D = 20 cm	*013*	m²	**85,00**	82,00 87,00
		04	Einfeld-Spannbetondecke, L bis 5,5 m, D = 22 cm	*013*	m²	**93,00**	90,00 98,00
		05	Einfeld-Spannbetondecke, L bis 6,0 m, D = 26 cm	*013*	m²	**100,00**	97,00 103,00
	12		**Spannbetonplattendecke, durchlaufend mit 5 cm Elementdicke, oberseitig aufgebrachte obere Bewehrung und Ortbeton, einschl. Unterstützung und Randschalung, Unterseite glatte Sichtflächen, einachsige Lastabtragung**				
		01	Durchlauf-Spannbetondecke, L bis 5,0 m, D = 14 cm	*013*	m²	**78,00**	75,00 78,00
		02	Durchlauf-Spannbetondecke, L bis 5,5 m, D = 15 cm	*013*	m²	**82,00**	80,00 86,00
		03	Durchlauf-Spannbetondecke, L bis 6,0 m, D = 16 cm	*013*	m²	**85,00**	80,00 86,00

Preisstand III/2017 Index 117,2 (2010 = 100) inkl. MWSt: 19 %

DIN	AK	AA	Bauteiltext	LB	Einheit	Mittelpreis EUR	Preisspanne EUR
351	21		**Filigranplattendecke, Einfeldplatten mit 5 cm Elementdicke, oberseitig aufgebrachte obere Bewehrung und Ortbeton, einschl. Unterstützung und Randschalung, Unterseite glatte Sichtflächen, einachsige Lastabtragung**				
		01	Einfeld-Filigrandecke, L bis 4,0 m, D = 16 cm	*013*	m²	**78,00**	74,00 83,00
		02	Einfeld-Filigrandecke, L bis 4,5 m, D = 18 cm	*013*	m²	**82,00**	76,00 85,00
		03	Einfeld-Filigrandecke, L bis 5,0 m, D = 20 cm	*013*	m²	**89,00**	83,00 95,00
		04	Einfeld-Filigrandecke, L bis 5,5 m, D = 22 cm	*013*	m²	**96,00**	88,00 102,00
		05	Einfeld-Filigrandecke, L bis 6,0 m, D = 26 cm	*013*	m²	**106,00**	104,00 114,00
	22		**Filigranplattendecke, durchlaufend mit 5 cm Elementdicke, oberseitig aufgebrachte obere Bewehrung und Ortbeton, einschl. Unterstützung und Randschalung, Unterseite glatte Sichtfläche, einachsige Lastabtragung**				
		01	Durchlauf-Filigrandecke, L bis 5,0 m, D = 16 cm	*013*	m²	**78,00**	72,00 82,00
		02	Durchlauf-Filigrandecke, L bis 5,5 m, D = 18 cm	*013*	m²	**82,00**	76,00 87,00
		03	Durchlauf-Filigrandecke, L bis 6,0 m, D = 20 cm	*013*	m²	**85,00**	80,00 92,00

Preisstand III/2017 Index 117,2 (2010 = 100) inkl. MWSt: 19 %

DIN	AK	AA	Bauteiltext	LB	Einheit	Mittelpreis EUR	Preisspanne EUR
351	31		**Spannbetonhohlplattendecke ohne Aufbeton, einschl. Unterstützung und Randschalung, oberseitig Betonfugenverguss, Unterseite glatte Sichtflächen, einachsige Lastabtragung**				
		01	Spannbetonhohlplattendecke, D = 16 cm, S = 6 m	*013*	m²	**75,00**	69,00 79,00
		02	Spannbetonhohlplattendecke, D = 20 cm, S = 7 m	*013*	m²	**82,00**	75,00 87,00
	41		**Träger-Hohlsteindecke mit oberseitigem Betonverguss, aus Stahlgitterträgern mit Betonuntergurt, dazwischen verlegten Hohlkörperelementen einschl. Unterstützung und Randschalung, einachsige Lastabtragung, unterseitig für Verputz oder Bekleidung**				
		01	Hohlsteindecke, D = 14 cm	*910*	m²	**80,00**	76,00 83,00
		02	Hohlsteindecke, D = 16 cm	*910*	m²	**83,00**	80,00 87,00
		03	Hohlsteindecke, D = 20 cm	*910*	m²	**87,00**	82,00 91,00
	42		**Ziegel-Hohlkörperdecke aus statisch mitwirkenden Ziegelhohlkörpern, in die Fugen eingelegte Bewehrung mit oberseitigem Betonverguss, einschl. Unterstützung und Randschalung, einachsige Lastabtragung, unterseitig für Verputz oder Bekleidung**				
		01	Ziegel-Hohlkörperdecke, Dicke = 19,0 cm, C 12/15, S = bis 5,5 m	*910*	m²	**108,00**	104,00 111,00
		02	Ziegel-Hohlkörperdecke, Dicke = 21,5 cm, C 12/15, S = bis 6,0 m	*910*	m²	**122,00**	117,00 125,00
		11	Ziegel-Hohlkörperdecke, Dicke = 21,5 cm, C 20/25, S = bis 6,4 m	*910*	m²	**136,00**	131,00 140,00

Preisstand III/2017 Index 117,2 (2010 = 100) inkl. MWSt: 19 %

DIN	AK	AA	Bauteiltext	LB	Einheit	Mittelpreis EUR	Preisspanne EUR
351	**51**		**Holzbalkendecken aus Bauholz-Balkenlagen, imprägniert, Tragkonstruktion ohne Fußboden, Bekleidungen, Füllschichten, mit allen Befestigungsmitteln und Ausbildung der Auflager, Achsabstand der Balken ca. 60 cm**				
		01	Holzbalkendecken, Spannweite ca. 3 m, rau	*016*	m²	**49,00**	47,00 51,00
		02	Holzbalkendecken, Spannweite ca. 3 m, gehobelt	*016*	m²	**52,00**	50,00 53,00
		11	Holzbalkendecken, Spannweite ca. 4 m, rau	*016*	m²	**67,00**	64,00 68,00
		12	Holzbalkendecken, Spannweite ca. 4 m, gehobelt	*016*	m²	**80,00**	77,00 82,00
		21	Holzbalkendecken, Spannweite ca. 5 m, rau	*016*	m²	**91,00**	89,00 93,00
		22	Holzbalkendecken, Spannweite ca. 5 m, gehobelt	*016*	m²	**108,00**	102,00 110,00
	52		**Holzbalken im Zusammenhang mit Holzbalkendecken als Unterzüge und Binder, einschl. aller Befestigungsmittel und Auflagerausbildung, in gehobelter Ausführung**				
		01	Bauholz Unterzüge, ca. 16 x 24 cm	*016*	m	**35,00**	34,00 38,00
		02	Bauholz Unterzüge, ca. 20 x 24 cm	*016*	m	**38,00**	35,00 38,00
		03	Bauholz Unterzüge, ca. 24 x 28 cm	*016*	m	**49,00**	47,00 50,00
		11	Leimholz Unterzüge, ca. 16 x 26 cm	*016*	m	**80,00**	77,00 81,00
		12	Leimholz Unterzüge, ca. 16 x 30 cm	*016*	m	**91,00**	88,00 92,00
	61		**Zusatzstahl in Deckenstreifen von Betondecken, alternativ zu Unterzügen, durch Einlegen von Zusatzbewehrung in die Decke**				
		01	Betonstabstahl, 2 x 10 mm, als Zusatzbewehrung	*013*	m	**3,50**	2,00 4,00
		02	Betonstabstahl, 2 x 12 mm, als Zusatzbewehrung	*013*	m	**4,75**	3,00 5,00
		03	Betonstabstahl, 2 x 14 mm, als Zusatzbewehrung	*013*	m	**5,50**	4,00 6,00

Preisstand III/2017 Index 117,2 (2010 = 100) inkl. MWSt: 19 %

DIN	AK	AA	Bauteiltext	LB	Einheit	Mittelpreis EUR	Preisspanne EUR
351	**62**		**Stahlträger an Geschossdecken als Walzprofil, einschl. Rostschutzanstrich und Herstellen der Auflager**				
		01	Stahlträger IPB 120	*017*	m	**114,00**	111,00 118,00
		02	Stahlträger IPB 160	*017*	m	**174,00**	168,00 180,00
		03	Stahlträger IPB 200	*017*	m	**270,00**	261,00 278,00
	71		**Stahlbetonunterzüge im Zusammenhang mit Betondecken, einschl. dreiseitiger Schalung, Abstützung, Stahleinlagen**				
		01	Stahlbetonunterzüge, Spannweite bis 2 m, ca. 11,5 x 25 cm	*013*	m	**60,00**	57,00 65,00
		02	Stahlbetonunterzüge, Spannweite bis 2 m, ca. 17,5 x 25 cm	*013*	m	**67,00**	64,00 72,00
		03	Stahlbetonunterzüge, Spannweite bis 2 m, ca. 24,0 x 25 cm	*013*	m	**77,00**	74,00 78,00
		11	Stahlbetonunterzüge, Spannweite 2-4 m, ca. 11,5 x 30 cm	*013*	m	**74,00**	70,00 78,00
		12	Stahlbetonunterzüge, Spannweite 2-4 m, ca. 17,5 x 30 cm	*013*	m	**84,00**	80,00 89,00
		13	Stahlbetonunterzüge, Spannweite 2-4 m, ca. 24,0 x 30 cm	*013*	m	**92,00**	87,00 97,00
	72		**Stahlbetonüberzüge im Zusammenhang mit Betondecken, einschl. Schalung, Abstützung, Stahleinlagen**				
		01	Stahlbetonüberzüge, Spannweite 4-6 m, ca. 11,5 x 30 cm	*013*	m	**60,00**	58,00 65,00
		02	Stahlbetonüberzüge, Spannweite 4-6 m, ca. 17,5 x 30 cm	*013*	m	**65,00**	61,00 68,00
		03	Stahlbetonüberzüge, Spannweite 4-6 m, ca. 24,0 x 30 cm	*013*	m	**74,00**	71,00 78,00
		11	Stahlbetonüberzüge, Spannweite 6-8 m, ca. 11,5 x 40 cm	*013*	m	**88,00**	82,00 89,00
		12	Stahlbetonüberzüge, Spannweite 6-8 m, ca. 17,5 x 40 cm	*013*	m	**92,00**	87,00 96,00
		13	Stahlbetonüberzüge, Spannweite 6-8 m, ca. 24,0 x 40 cm	*013*	m	**95,00**	91,00 99,00

DIN	AK	AA	Bauteiltext	LB	Einheit	Mittelpreis EUR	Preisspanne EUR
351	**73**		**Decken-Ringbalken im Zusammenhang mit Fertigteil oder Holzbalkendecken, einschl. Schalung und Bewehrung**				
		01	Beton-Ringbalken für 11,5 cm Wand, H = 20 cm	*013*	m	**51,00**	48,00 55,00
		02	Beton-Ringbalken für 17,5 cm Wand, H = 20 cm	*013*	m	**54,00**	51,00 56,00
		03	Beton-Ringbalken für 24,0 cm Wand, H = 20 cm	*013*	m	**58,00**	54,00 62,00
		11	Ringbalken aus Formsteinen, für 11,5 cm Wand	*013*	m	**74,00**	70,00 78,00
		12	Ringbalken aus Formsteinen, für 17,5 cm Wand	*013*	m	**84,00**	80,00 86,00
		13	Ringbalken aus Formsteinen, für 24,0 cm Wand	*013*	m	**95,00**	89,00 98,00
	81		**Geschosstreppenstufen aus Beton fertig hergestellt, einschl. Schalung und Bewehrung, Laufplatte anteilig eingerechnet, oberseitig vorbereitet für Aufbringen von Oberbelägen**				
		01	Ortbeton Treppenstufen, gerade, B = 80 cm	*013*	St	**60,00**	58,00 63,00
		02	Ortbeton Treppenstufen, gerade, B = 100 cm	*013*	St	**81,00**	77,00 84,00
		03	Ortbeton Treppenstufen, gewendelt, B = 80 cm	*013*	St	**77,00**	75,00 78,00
		04	Ortbeton Treppenstufen, gewendelt, B = 100 cm	*013*	St	**95,00**	92,00 99,00
		11	Fertigteil Treppenstufen, gerade, B = 80 cm	*013*	St	**84,00**	80,00 85,00
		12	Fertigteil Treppenstufen, gerade, B = 100 cm	*013*	St	**106,00**	99,00 113,00
		13	Fertigteil Treppenstufen, gewendelt, B = 80 cm	*013*	St	**106,00**	99,00 113,00
		14	Fertigteil Treppenstufen, gewendelt, B = 100 cm	*013*	St	**124,00**	116,00 127,00

Preisstand III/2017 Index 117,2 (2010 = 100) inkl. MWSt: 19 %

DIN	AK	AA	Bauteiltext	LB	Einheit	Mittelpreis EUR	Preisspanne EUR
351	**82**		**Geschosstreppenstufen aus Stahl/Holz** **als tragende Stahlkonstruktion mit aufgesattelten Holzauftritten, ohne Setzstufen, einschl. fertiger Oberflächenbehandlung, mit allen Befestigungsteilen**				
		01	einfache Stahl/Holz Treppenstufen, gerade, B = 80 cm	*911*	St	**146,00**	137,00 153,00
		02	einfache Stahl/Holz Treppenstufen, gerade, B = 100 cm	*911*	St	**164,00**	155,00 172,00
		03	einfache Stahl/Holz Treppenstufen, gewendelt, B = 80 cm	*911*	St	**168,00**	158,00 176,00
		04	einfache Stahl/Holz Treppenstufen, gewendelt, B = 100 cm	*911*	St	**190,00**	180,00 198,00
		11	gehobene Stahl/Holz Treppenstufen, gerade, B = 80 cm	*911*	St	**172,00**	164,00 177,00
		12	gehobene Stahl/Holz Treppenstufen, gerade, B = 100 cm	*911*	St	**196,00**	188,00 205,00
		13	gehobene Stahl/Holz Treppenstufen, gewendelt, B = 80 cm	*911*	St	**204,00**	196,00 211,00
		14	gehobene Stahl/Holz Treppenstufen, gewendelt, B = 100 cm	*911*	St	**226,00**	217,00 234,00
	83		**Holztreppenstufen ohne Setzstufen** **für Geschosstreppen, gesamte Konstruktion in Holz, mit allen Befestigungsteilen, einschl. fertiger Oberflächenbehandlung**				
		01	einfache Holz-Trittstufen, gerade, B = 80 cm	*016*	St	**118,00**	115,00 119,00
		02	einfache Holz-Trittstufen, gerade, B = 100 cm	*016*	St	**154,00**	148,00 155,00
		03	einfache Holz-Trittstufen, gewendelt, B = 80 cm	*016*	St	**144,00**	144,00 152,00
		04	einfache Holz-Trittstufen, gewendelt, B = 100 cm	*016*	St	**176,00**	171,00 182,00
		11	gehobene Holz-Trittstufen, gerade, B = 80 cm	*016*	St	**154,00**	148,00 156,00
		12	gehobene Holz-Trittstufen, gerade, B = 100 cm	*016*	St	**186,00**	181,00 192,00
		13	gehobene Holz-Trittstufen, gewendelt, B = 80 cm	*016*	St	**176,00**	169,00 183,00
		14	gehobene Holz-Trittstufen, gewendelt, B = 100 cm	*016*	St	**216,00**	210,00 218,00

Preisstand III/2017 Index 117,2 (2010 = 100) inkl. MWSt: 19 %

DIN	AK	AA	Bauteiltext	LB	Einheit	Mittelpreis EUR	Preisspanne EUR
351	84		**Holztreppenstufen mit Setzstufen für Geschosstreppen als Wangentreppen mit eingestemmten Stufen, gesamte Konstruktion in Holz, mit allen Befestigungsteilen, einschl. fertiger Oberflächenbehandlung**				
		01	einfache Holz-Tritt- und Setzstufen, gerade, B = 80 cm	*016*	St	**174,00**	171,00 178,00
		02	einfache Holz-Tritt- und Setzstufen, gerade, B = 100 cm	*016*	St	**204,00**	199,00 214,00
		03	einfache Holz-Tritt- und Setzstufen, gewendelt, B = 80 cm	*016*	St	**200,00**	196,00 205,00
		04	einfache Holz-Tritt- und Setzstufen, gewendelt, B = 100 cm	*016*	St	**224,00**	218,00 232,00
		11	gehobene Holz-Tritt- und Setzstufen, gerade, B = 80 cm	*016*	St	**208,00**	205,00 216,00
		12	gehobene Holz-Tritt- und Setzstufen, gerade, B = 100 cm	*016*	St	**242,00**	238,00 250,00
		13	gehobene Holz-Tritt- und Setzstufen, gewendelt, B = 80 cm	*016*	St	**228,00**	227,00 243,00
		14	gehobene Holz-Tritt- und Setzstufen, gewendelt, B = 100 cm	*016*	St	**270,00**	257,00 282,00
	85		**Sondertreppenstufen innen mit allen Zubehörteilen und Befestigungsmitteln, fertig eingebaut, einschl. fertiger Oberflächenbehandlung, ohne Setzstufen**				
		01	Holztreppe einfach, B = 50 cm	*016*	St	**200,00**	197,00 204,00
		02	Holztreppe einfach, B = 70 cm	*016*	St	**208,00**	204,00 211,00
		03	Holztreppe gehoben, B = 50 cm	*016*	St	**228,00**	223,00 234,00
		04	Holztreppe gehoben, B = 70 cm	*016*	St	**242,00**	239,00 249,00
		11	Leiter mit Bodenluke, einfach	*016*	St	**218,00**	211,00 225,00
		12	Leiter mit Bodenluke, gehoben	*016*	St	**570,00**	552,00 580,00
		13	Einschubtreppe, einfach	*016*	St	**345,00**	339,00 356,00
		14	Einschubtreppe, gehoben, FH	*016*	St	**1.050,00**	1.022,00 1.064,00
		21	Stahltreppe, Gitterroste, B = 80 cm	*017*	St	**236,00**	233,00 249,00
		22	Stahltreppe, Gitterroste, B = 100 cm	*017*	St	**300,00**	298,00 316,00

Preisstand III/2017 Index 117,2 (2010 = 100) inkl. MWSt: 19 %

DIN	AK	AA	Bauteiltext	LB	Einheit	Mittelpreis EUR	Preisspanne EUR
351	**91**		**Kelleraußentreppe ohne Stützwand je Stück Stufe, als Betontreppe auf Erdreich, nutzbare B = 100 cm, Stufenoberfläche fertig abgerieben**				
		01	Ortbeton Kelleraußentreppe, gerade	*013*	St	**96,00**	94,00 97,00
		02	Ortbeton Kelleraußentreppe, gewendelt	*013*	St	**116,00**	114,00 119,00
		03	Ortbeton Kelleraußentreppe, Podest, Tiefe 100 cm	*013*	St	**234,00**	230,00 237,00
		11	Fertigteil Kelleraußentreppe, gerade	*013*	St	**108,00**	106,00 110,00
		12	Fertigteil Kelleraußentreppe, gewendelt	*013*	St	**128,00**	125,00 131,00
		13	Fertigteil Kelleraußentreppe, Podest, Tiefe 100 cm	*013*	St	**248,00**	243,00 250,00
	92		**Kelleraußentreppe, 2 Stützwände als Betonfertigteil, nutzbare B = 100 cm, fertige Stufenoberfläche, einschl. Podest, T = 100 cm, fertig montiert**				
		01	Fertigteil Kelleraußentreppe mit 4-6 Stufen	*013*	St	**2.600,00**	2.534,00 2.669,00
		02	Fertigteil Kelleraußentreppe mit 7-9 Stufen	*013*	St	**2.750,00**	2.649,00 2.824,00
		03	Fertigteil Kelleraußentreppe mit 10-12 Stufen	*013*	St	**2.975,00**	2.872,00 3.041,00
		04	Fertigteil Kelleraußentreppe mit 13-15 Stufen	*013*	St	**3.175,00**	3.007,00 3.311,00
	93		**Hauseingangstreppe aus Beton als Fertigteil alle sichtbaren Teile in Sichtschalung, B = 100 cm einschl. Podest, T = 100 cm fertige Stufenoberfläche, komplett montiert**				
		01	Fertigteil Hauseingangstreppe mit 1-3 Stufen	*911*	St	**420,00**	391,00 449,00
		02	Fertigteil Hauseingangstreppe mit 4-6 Stufen	*911*	St	**790,00**	723,00 925,00
		03	Fertigteil Hauseingangstreppe mit 7-9 Stufen	*911*	St	**1.225,00**	1.126,00 1.329,00

DIN	AK	AA	Bauteiltext	LB	Einheit	Mittelpreis EUR	Preisspanne EUR
351	**94**		**Hauseingangstreppe Leichtkonstruktion vorgefertigt und montiert, B = 100 cm einschl. Podest, T = 100 cm und mit fertiger Oberflächenbehandlung**				
		01	Stahl Hauseingangstreppe, Gitterroste, mit 1-3 Stufen	*017*	St	**1.450,00**	1.425,00 1.491,00
		02	Stahl Hauseingangstreppe, Gitterroste, mit 4-6 Stufen	*017*	St	**1.850,00**	1.822,00 1.902,00
		03	Stahl Hauseingangstreppe, Gitterroste, mit 7-9 Stufen	*017*	St	**2.325,00**	2.266,00 2.372,00
		11	Holz Hauseingangstreppe, mit 1-3 Stufen	*016*	St	**1.325,00**	1.287,00 1.357,00
		12	Holz Hauseingangstreppe, mit 4-6 Stufen	*016*	St	**1.875,00**	1.830,00 1.927,00
		13	Holz Hauseingangstreppe, mit 7-9 Stufen	*016*	St	**2.500,00**	2.394,00 2.582,00

Hinweise für kostensparende Lösungen

Bodenbeläge

- Kellerfußböden können bei Ortbetonsohlen in abgeriebener Oberfläche ausgeführt werden, um einen zusätzlichen Estrich zu sparen, ebenso ist diese Ausbildung in untergeordneten Räumen anwendbar (z.B. Kellerersatzräume).
- Bei Holzbalkendecken ist eine kostengünstige Lösung das Aufbringen einer einfachen Dielung oder Spanplatten auf Dämmstreifen.
- Planebene Betonfertigteildecken mit glatter Oberfläche brauchen nur noch in den Fugen gespachtelt zu werden, wenn eine sorgfältige horizontale Verlegung erfolgt. Auf Estrich kann dann verzichtet werden.
- Auf aufwendige Bodenbeläge in Bädern, Küchen und WCs (Fliesen, Mosaik) kann eventuell zugunsten von verschweißten Kunststoffbelägen verzichtet werden.
- Die Produktpalette von Fußbodenoberbelägen bietet ein vielfältiges Spektrum an preiswerten und gehobenen Varianten, bei denen erhebliche Einsparungen gegenüber Standardqualitäten möglich sind.
- Bei Verwendung von Fertigteilen für Balkone, Eingangspodeste oder Terrassen kann auf einen oberseitigen Fußbodenaufbau verzichtet werden.

Treppenbeläge

- Bei Innen- und Außentreppen kann oft auf aufwendige Naturstein- oder Plattenbeläge verzichtet werden, um die Kosten zu senken.
- Bei Anwendung von Beton-Fertigteiltreppen, z.B. als Kelleraußentreppen, ist ein Verbund-Estrich nicht mehr erforderlich und die Stufenoberfläche kann in Sichtbeton belassen werden.
- Ortbeton-Außentreppen brauchen manchmal in der Oberfläche nur noch abgerieben zu werden, ebenso Kellertreppen.
- Bei Massivtreppen kann auf eine Bekleidung der Setzstufenansichten verzichtet werden.
- Bei Stahl-Außentreppen mit Gitterrosten als Stufen wird kein Oberbelag mehr erforderlich, zusätzlich ist eine sehr sichere Begehbarkeit gewährleistet (Rutschsicherheit).
- Innentreppen aus Holzstufen benötigen nicht unbedingt einen Teppichbelag, wenn keine Schallschutzprobleme bestehen (Auflagerung der Treppen an der Giebelwand). Sie können lackiert werden.
- Oberbeläge gerade laufender Treppen mit rechtwinkligen Stufen sind kostengünstiger als bei gewendelten Treppen.

DIN	AK	AA	Bauteiltext	LB	Einheit	Mittelpreis EUR	Preisspanne EUR
352	**01**		**Estriche und Oberflächenbehandlung von Betondecken, einschl. der erforderlichen Vorarbeiten mit allen Randanschlüssen**				
		01	Spachteln von Fertigteildecken	*025*	m²	**6,00**	5,00 8,00
		02	Abreiben, Glätten von Ortbeton	*025*	m²	**3,25**	2,00 4,00
		11	Zementtrennestrich, abgerieben D = 40 mm mit Trennfolie	*025*	m²	**16,00**	14,00 17,00
		13	Gussasphaltestrich	*026*	m²	**43,00**	40,00 44,00
		14	Trockenstrich-Elemente, D = 25 mm	*025*	m²	**66,00**	62,00 70,00
		21	schwimmender Estrich, D = 70 mm inkl. Trittschalldichtung	*025*	m²	**21,50**	19,00 24,00
		22	schwimmender Estrich, D = 110 mm inkl. Trittschall- und Wärmedämmung	*025*	m²	**26,00**	23,00 26,00
		23	Trockenestrich-Verbundelemente, D = 55 mm	*025*	m²	**76,00**	73,00 79,00
	02		**Fußbodenabdichtungen für Bauwerkssohlen von Kellern und nicht unterkellerten Raumteilen, einschl. der erforderlichen Vorarbeiten, mit allen Anschlüssen**				
		01	Fußbodenabdichtungen durch Sperr-Verbundestrich	*018*	m²	**19,50**	17,00 22,00
		02	Fußbodenabdichtungen durch Dichtungsschlämme	*018*	m²	**15,00**	12,00 16,00
		11	Fußbodenabdichtungen mit Schweißbahn G 200 S4,	*018*	m²	**26,00**	24,00 26,00
		12	Fußbodenabdichtungen durch Mastix-Abspachtelung	*018*	m²	**28,00**	26,00 30,00
		13	Fußbodenabdichtungen mit PVC-Folie D = 0,4 mm, verschweißt	*018*	m²	**10,00**	9,00 11,00
	03		**Balkon- und Terrassenabdichtung mit erforderlicher Vorbehandlung des Untergrundes, einschl. Herstellen eines Gefälleestrichs als Unterbau, mit allen erforderlichen Anschlüssen, Dämmschichten jeweils in begehbarer Ausführung, Ausgleichsschichten ohne Beläge**				
		01	Balkonabdichtung mit Schweißbahn G 200 S4	*018*	m²	**86,00**	82,00 89,00
		02	Balkonabdichtung mit Dampfbremse, 6 cm Dämm., Abklebg.	*018*	m²	**260,00**	255,00 268,00
		03	Balkonabdichtung durch Mastix-Abspachtelung (ohne Gefälle)	*018*	m²	**35,00**	33,00 35,00

350

Preisstand III/2017 Index 117,2 (2010 = 100) inkl. MWSt: 19 %

DIN	AK	AA	Bauteiltext	LB	Einheit	Mittelpreis EUR	Preisspanne EUR
352	**11**		**Holz-, Holzwerkstoffböden auf Unterkonstruktion, imprägniert, einschl. aller Zuschnitte, Anschlüsse und Befestigungsmittel, auf schallisolierenden Trennstreifen verlegt**				
		01	Spanplatten auf Unterkonstruktion, V 20, D = 19 mm	*027*	m²	**22,00**	20,00 24,00
		02	Spanplatten auf Unterkonstruktion, V 20, D = 22-25 mm	*027*	m²	**24,00**	22,00 25,00
		11	Spanplatten auf Unterkonstruktion, V100G, D = bis 19 mm	*027*	m²	**23,50**	21,00 24,00
		12	Spanplatten auf Unterkonstruktion, V100G, D = 22-25 mm	*027*	m²	**25,00**	23,00 28,00
		21	Einfache Holzdielung auf Unterkonstruktion	*027*	m²	**51,00**	49,00 53,00
		22	Gehobene Holzdielung auf Unterkonstruktion	*027*	m²	**72,00**	68,00 75,00
		31	Einfaches Parkett auf Unterkonstruktion	*028*	m²	**59,00**	55,00 62,00
		32	Gehobenes Parkett auf Unterkonstruktion	*028*	m²	**83,00**	76,00 90,00
	12		**Fußboden-Dämmschichten zur Schall- und Wärmedämmung im Zusammenhang mit Fußbodenaufbauten, einschl. aller Anschlüsse**				
		01	Filzmatten, D = 10 mm, zur Trittschalldämmung	*036*	m²	**12,50**	11,00 13,00
		02	Gummigranulatmatten, D = 4-6 mm, zur Trittschalldämmung	*036*	m²	**30,00**	26,00 30,00
		03	Korkplatten, D = 10 mm, zur Trittschalldämmung	*036*	m²	**19,50**	18,00 21,00
		11	Polystyrol-Dämmplatten, D = 30 mm	*036*	m²	**4,25**	2,00 5,00
		12	Polystyrol-Dämmplatten, D = 60 mm	*036*	m²	**7,00**	5,00 8,00
		21	PUR-Hartschaum-Dämmplatten, D = 30 mm	*036*	m²	**17,50**	16,00 18,00
		22	PUR-Hartschaum-Dämmplatten, D = 60 mm	*036*	m²	**26,00**	24,00 29,00

Preisstand III/2017 Index 117,2 (2010 = 100) inkl. MWSt: 19 %

DIN	AK	AA	Bauteiltext	LB	Einheit	Mittelpreis EUR	Preisspanne EUR
352	**13**		**Fußleisten in allen Längen und Zuschnitten, einschl. aller Befestigungsmittel, mit Eck- und Kehlanschlüssen, Oberflächenbehandlung**				
		01	einfache Kunststoff-Fußleisten	*036*	m	**4,00**	3,00 5,00
		02	gehobene Kunststoff-Fußleisten	*036*	m	**4,75**	3,00 6,00
		11	einfache Holz-Fußleisten	*036*	m	**6,00**	4,00 6,00
		12	gehobene Holz-Fußleisten	*036*	m	**10,00**	8,00 10,00
		21	System-Fußleisten für Rohrverlegung	*036*	m	**30,00**	26,00 32,00
		31	Teppichfußleisten	*036*	m	**6,00**	5,00 7,00
	21		**Fußbodenanstrich, -beschichtungen von Bodenflächen, einschl. aller Abdeckungen und Schutzmaßnahmen, Vorarbeiten**				
		01	Dispersionsanstrich Estrichflächen	*034*	m²	**8,00**	6,00 10,00
		02	Kunststoffbeschichtung Estrichflächen	*034*	m²	**10,00**	8,00 12,00
		21	Acryllackierung von Holzdielen	*034*	m²	**15,50**	13,00 16,00
		22	Kunstharzlackierung von Holzdielen	*034*	m²	**22,00**	20,00 23,00
		31	Dielen abschleifen, 2mal versiegeln	*034*	m²	**29,00**	24,00 32,00
		32	Parkett abschleifen, 2mal versiegeln	*028*	m²	**26,00**	21,00 30,00

DIN	AK	AA	Bauteiltext	LB	Einheit	Mittelpreis EUR	Preisspanne EUR
352	22		**Fußboden-Oberbeläge auf vorhandenen Unterböden, einschl. aller notwendigen Vorarbeiten, Anschlüsse und Nebenarbeiten**				
		01	PVC-Belag, Material ca. 12,50 EUR/m²	*036*	m²	**22,50**	20,00 23,00
		02	PVC-Belag, Material ca. 17,00 EUR/m²	*036*	m²	**34,00**	32,00 36,00
		03	PVC-Belag, Material ca. 23,00 EUR/m²	*036*	m²	**43,00**	42,00 46,00
		11	Linolium-Belag, Material ca. 21,00 EUR/m²	*036*	m²	**41,00**	37,00 47,00
		12	Linolium-Belag, Material ca. 28,00 EUR/m²	*036*	m²	**50,00**	47,00 60,00
		31	Teppichboden, Material ca. 12,50 EUR/m²	*036*	m²	**21,50**	20,00 24,00
		32	Teppichboden, Material ca. 17,00 EUR/m²	*036*	m²	**34,00**	32,00 36,00
		33	Teppichboden, Material ca. 23,00 EUR/m²	*036*	m²	**42,00**	40,00 43,00
		41	Mittelmosaik-Belag	*024*	m²	**72,00**	68,00 75,00
		42	Bodenfliesen-Belag, einfach	*024*	m²	**60,00**	59,00 61,00
		43	Bodenfliesen-Belag, gehoben	*024*	m²	**84,00**	77,00 90,00
	31		**Balkonbeläge auf vorhandener Dichtungsschicht bzw. Dämmschicht, mit den erforderlichen Trenn- und Ausgleichsschichten, einschl. aller Anschlüsse**				
		01	Verbundestrich auf Beton, abgerieben	*025*	m²	**23,00**	22,00 25,00
		02	Kunststoffbeschichtung auf Beton	*036*	m²	**23,50**	21,00 24,00
		11	Bodenplatten auf Balkonen, einfach, Mörtelbett	*024*	m²	**73,00**	69,00 76,00
		12	Bodenplatten auf Balkonen, gehoben, Mörtelbett	*024*	m²	**91,00**	85,00 94,00
		21	Bodenplatten auf Balkonen, einfach, Stelzlager	*024*	m²	**69,00**	67,00 70,00
		22	Bodenplatten auf Balkonen, gehoben, Stelzlager	*024*	m²	**77,00**	74,00 78,00
		31	Holzdielung auf Balkonen, einfach	*027*	m²	**104,00**	100,00 114,00
		32	Holzdielung auf Balkonen, gehoben	*027*	m²	**138,00**	131,00 145,00

Preisstand III/2017 Index 117,2 (2010 = 100) inkl. MWSt: 19 %

DIN	AK	AA	Bauteiltext	LB	Einheit	Mittelpreis EUR	Preisspanne EUR
352	**32**		**Balkon-Abschlussprofile für Fußbodenaufbauten, einschl. aller Anschlussausbildungen und dauerelastischer Versiegelung, Befestigungsmittel**				
		01	Balkonabschluss in Zinkblech	*036*	m	**32,00**	27,00 32,00
		03	Balkonabschluss in Alu-Blech	*036*	m	**40,00**	35,00 41,00
		11	Balkon-Wandanschluss in Zinkblech	*036*	m	**31,00**	26,00 31,00
		12	Balkon-Wandanschluss in Alu-Blech	*036*	m	**39,00**	34,00 39,00
	41		**Beläge von Massivtreppen aus Beton, je Stück Stufe, jeweils ohne Bekleidung der Treppenwangen, einschl. erforderlicher Vorarbeiten und aller Nebenarbeiten und Anschlüsse, Auftrittiefe ca. 25 cm, Breite ca. 90 cm**				
		01	Abreiben der Oberfläche von Beton-Trittstufen	*025*	St	**4,00**	2,00 5,00
		02	Verbundestrich auf Beton-Trittstufen	*025*	St	**38,00**	36,00 38,00
		11	Anstrich von Beton-Tritt-/Setzstufen	*034*	St	**13,50**	12,00 14,00
		12	Kunststoffbeschichtung von Treppenstufen	*036*	St	**19,50**	17,00 20,00
		21	PVC-Belag nur Beton-Trittstufen	*036*	St	**26,00**	23,00 29,00
		22	PVC-Belag Beton-Tritt-/Setzstufen	*036*	St	**38,00**	34,00 38,00
		31	Noppengummi-Belag nur Beton-Trittstufen	*036*	St	**46,00**	42,00 47,00
		32	Noppengummi-Belag Beton-Tritt-/Setzstufen	*036*	St	**66,00**	63,00 69,00
		41	Teppich-Belag nur Beton-Trittstufen	*036*	St	**28,00**	25,00 31,00
		42	Teppich-Belag Beton-Tritt-/Setzstufen	*036*	St	**42,00**	38,00 46,00
		51	Platten-Belag nur Beton-Trittstufen	*024*	St	**57,00**	54,00 58,00
		52	Platten-Belag Beton-Tritt-/Setzstufen	*024*	St	**87,00**	83,00 90,00
		61	einf. Natursteinbelag nur Beton-Trittstufen	*014*	St	**65,00**	60,00 67,00
		62	einf. Natursteinbelag Beton-Tritt-/Setzstufen	*014*	St	**93,00**	90,00 96,00

Preisstand III/2017 Index 117,2 (2010 = 100) inkl. MWSt: 19 %

DIN	AK	AA	Bauteiltext	LB	Einheit	Mittelpreis EUR	Preisspanne EUR
352	42		**Beläge von Massivtreppenpodesten aus Beton, einschl. erforderlicher Vor- und Nebenarbeiten, Anschlüsse Wände und freie Abschlüsse**				
		01	Abreiben der Oberfläche von Massiv-Treppenpodesten	*025*	m²	**4,00**	2,00 5,00
		02	Verbund-Zementestrich auf Massiv-Treppenpodesten	*025*	m²	**15,00**	13,00 15,00
		11	Anstrich der Oberfläche von Massiv-Treppenpodesten	*034*	m²	**8,00**	5,00 9,00
		12	Kunststoffbeschichtung auf Massiv-Treppenpodesten	*036*	m²	**17,50**	14,00 18,00
		21	PVC-Belag auf Massiv-Treppenpodesten	*036*	m²	**35,00**	32,00 37,00
		31	Noppengummi-Belag auf Massiv-Treppenpodesten	*036*	m²	**51,00**	49,00 54,00
		41	Teppich-Belag auf Massiv-Treppenpodesten	*036*	m²	**35,00**	33,00 36,00
		51	Platten-Belag auf Massiv-Treppenpodesten	*024*	m²	**66,00**	63,00 69,00
		61	einfacher Natursteinbelag auf Massiv-Treppenpodesten	*014*	m²	**69,00**	65,00 72,00
	51		**Beläge von Holztreppenstufen je Stück, ohne Bekleidung der Treppenwangen, einschl. erforderlicher Vor- und Nebenarbeiten, mit allen Anschlüssen, Auftritttiefe ca. 25 cm, Breite ca. 90 cm**				
		01	Anstrich nur Holz-Trittstufen	*034*	St	**9,50**	8,00 10,00
		02	Anstrich Holz-Tritt-/Setzstufen	*034*	St	**17,50**	16,00 18,00
		11	PVC-Belag nur Holz-Trittstufen	*036*	St	**28,00**	26,00 30,00
		12	PVC-Belag Holz-Tritt-/Setzstufen	*036*	St	**41,00**	38,00 41,00
		21	Noppengummi-Belag nur Holz-Trittstufen	*036*	St	**56,00**	54,00 57,00
		22	Noppengummi-Belag Holz-Tritt-/Setzstufen	*036*	St	**77,00**	74,00 81,00
		31	Teppich-Belag nur Holz-Trittstufen	*036*	St	**33,00**	31,00 33,00
		32	Teppich-Belag Holz-Tritt-/Setzstufen	*036*	St	**46,00**	43,00 47,00

Preisstand III/2017 Index 117,2 (2010 = 100) inkl. MWSt: 19 %

DIN	AK	AA	Bauteiltext	*LB*	Einheit	Mittelpreis EUR	Preisspanne EUR
352	**52**		**Beläge von Holztreppenpodesten einschl. erforderlicher Vor- und Nebenarbeiten, Anschlüsse, Fußleisten, freie Abschlüsse**				
		01	Anstrich der Oberfläche von Holz-Treppenpodesten	*034*	m²	**16,50**	13,00 17,00
		11	PVC-Belag auf Holz-Treppenpodesten	*036*	m²	**33,00**	29,00 33,00
		22	Noppengummi-Belag auf Holz-Treppenpodesten	*036*	m²	**58,00**	56,00 59,00
		31	Teppich-Belag auf Holz-Treppenpodesten	*036*	m²	**35,00**	32,00 37,00

350

Preisstand III/2017 Index 117,2 (2010 = 100) inkl. MWSt: 19 %

Hinweise für kostensparende Lösungen

- Bei Verwendung von Betonfertigteilen kann ein konventioneller Deckenputz zugunsten einer dünnen Spachtelung entfallen, evtl. brauchen nur die Plattenstöße gespachtelt oder kunststoffversiegelt zu werden.
- Auf glatte Betonuntersichten kann lediglich ein Kunststoff-Spritzputz mit Oberflächenstruktur oder nur ein Anstrich aufgebracht werden.
- Bei Holzbalkendecken kann eine unterseitige Bekleidung der Decke entfallen, Holzbalken- und Deckenunterseiten können sichtbar bleiben.
- Bei entsprechenden planerischen Vorgaben und abgeminderten Anforderungen an den Schallschutz kann auf Füllschichten in Holzbalkendecken verzichtet werden, so dass die Fußbodenuntersicht sichtbar bleibt.
- Bekleidungen unter Holzkonstruktionen können in Trockenbauweise (z.B. Trockenputz) ausgeführt werden, um Trocknungszeiten zu vermeiden und den Bauablauf zu beschleunigen.

DIN	AK	AA	Bauteiltext	LB	Einheit	Mittelpreis EUR	Preisspanne EUR
353	01		**Decken-Fertigputz auf Beton oder Fertigteildecken, einschl. der erforderlichen Vorarbeiten, Streckmetallüberdeckungen, Anschlüsse, Glätten der Oberfläche**				
		01	Fugenspachtelung von Fertigdecken	023	m²	**8,00**	6,00 9,00
		02	Gips-Kunststoff-Deckenspachtelputz, D = 2 mm	023	m²	**12,50**	10,00 14,00
		03	Zement-Deckenspachtelputz, D = 2 mm	023	m²	**13,50**	10,00 14,00
		11	Kalk-Gipsputz, Decken, einlagig, D = bis 10 mm	023	m²	**18,00**	16,00 19,00
		12	Kalk-Gipsputz, Decken, einlagig, D = bis 15 mm	023	m²	**20,00**	18,00 21,00
	02		**Gipskarton-Deckenbekleidungen auf verschiedenen Untergründen, einschl. der erforderlichen Befestigungsmittel, Überspannen und Spachteln der Fugen, mit sämtlichen Anschlüssen und Unterkonstruktion**				
		01	GK-Deckenbekleidungen, D = 12,5 mm	039	m²	**41,00**	36,00 45,00
		02	GK-Deckenbekleidungen, Feuchtraum, D = 12,5 mm	039	m²	**42,00**	38,00 47,00
		03	GK-Deckenbekleidungen, Feuerschutz, D = 12,5 mm	039	m²	**46,00**	39,00 51,00
		11	GK-Deckenbekleidungen mit 4 cm Dämmung	039	m²	**50,00**	44,00 56,00
		12	GK-Deckenbekleidungen, Feuchtraum mit 4 cm Dämmung	039	m²	**55,00**	49,00 63,00
	03		**Innen-Kunststoffbeschichtungen als fertige Deckenbekleidungen, einschl. der erforderlichen Vorarbeiten, mit allen Anschlüssen und Oberflächenbearbeitung, durchgefärbt**				
		01	Einfacher Decken-Rollputz mit Struktur	023	m²	**17,00**	15,00 17,00
		02	Gehobener Decken-Rollputz mit Struktur	023	m²	**19,50**	18,00 20,00
		11	Einfacher Decken-Spritzputz mit Struktur	023	m²	**15,00**	14,00 17,00
		12	Gehobener Decken-Spritzputz mit Struktur	023	m²	**15,50**	14,00 16,00

Preisstand III/2017 Index 117,2 (2010 = 100) inkl. MWSt: 19 %

DIN	AK	AA	Bauteiltext	LB	Einheit	Mittelpreis EUR	Preisspanne EUR
353	**11**		**Decken-Dämmschichten zur Schall- und Wärmedämmung, einschl. aller erforderlichen Vorarbeiten und Befestigungsmittel, jedoch ohne Deckenbekleidungen**				
		01	Sand-/Schlackefüllung in Decken, D = ca.10 cm, exkl. Schalung	*012*	m²	**22,50**	20,00 23,00
		02	Gasbetonplatten in Decken, D = 8-10 cm	*012*	m²	**42,00**	40,00 46,00
		11	Polystyrol-Dämmplatten, D = 30 mm	*012*	m²	**7,00**	5,00 8,00
		12	Polystyrol-Dämmplatten, D = 60 mm	*012*	m²	**15,00**	13,00 15,00
		21	Mineralfaserdämmung, Dampfbremse, D = 30 mm	*012*	m²	**14,50**	13,00 17,00
		22	Mineralfaserdämmung, Dampfbremse, D = 60 mm	*012*	m²	**18,50**	17,00 20,00
	21		**Holz-Deckenbekleidungen innen auf verschiedenen Untergründen, einschl. imprägnierter Unterkonstruktion zur Ausrichtung, mit allen Befestigungsmitteln, Anschlussausbildungen, Verschnitt eingerechnet**				
		01	Nadelholz Deckenbekleidungen, Normalprofile	*027*	m²	**75,00**	70,00 81,00
		02	Nadelholz Deckenbekleidungen, Sonderprofile	*027*	m²	**91,00**	87,00 93,00
		11	Edelholz Deckenbekleidungen, Normalprofile	*027*	m²	**108,00**	104,00 110,00
		12	Edelholz Deckenbekleidungen, Sonderprofile	*027*	m²	**142,00**	135,00 149,00
	31		**Deckenanstriche auf verschiedenen Untergründen, einschl. der erforderlichen Vorarbeiten und Abdeckungen**				
		01	Dispersionsanstrich, waschfest, Decken	*034*	m²	**4,00**	2,00 5,00
		02	Dispersionsanstrich auf GK, waschfest, Decken	*034*	m²	**4,50**	3,00 6,00
		11	Holz-Imprägnierungslasur, Decken	*034*	m²	**13,00**	12,00 13,00
		12	Holzdickschichtlasur, Decken	*034*	m²	**14,50**	13,00 15,00
		13	Holzlackierung mit Acryllack, Decken	*034*	m²	**16,50**	13,00 19,00
		14	Holzlackierung mit Kunstharzlack, Decken	*034*	m²	**17,00**	15,00 18,00

DIN	AK	AA	Bauteiltext	LB	Einheit	Mittelpreis EUR	Preisspanne EUR
353	**32**		**Tapeten auf Deckenbekleidungen auf Putz- oder Betonflächen, bei GK-Flächen mit Trennanstrich, einschl. der erforderlichen Vorarbeiten und Abdeckungen, Verschnitt eingerechnet**				
		01	Raufaser auf Deckenbekleidungen mit Anstrich	*037*	m²	**7,50**	5,00 8,00
		02	Raufaser auf GK-Deckenbekleidungen, Anstrich	*037*	m²	**8,00**	5,00 10,00
		11	Leichte Papiertapete auf Deckenbekleidungen, ca. 4,50 EUR/Rolle	*037*	m²	**8,00**	5,00 9,00

350

Preisstand III/2017 Index 117,2 (2010 = 100) inkl. MWSt: 19 %

Hinweise für kostensparende Lösungen

- Gerade laufende Geländer von Decken und Treppen sind kostengünstiger als gewendelte Ausführungen.
- Bei freien raumseitigen Treppenwangen ist oft der raumhohe Treppenabschluss in Form einer „Harfe“ kostengünstiger als ein um die Ecke gezogenes Geländer.
- Anordnung von Treppengeländern innen am Treppenauge bei gewendelten Treppen führt zur Reduzierung der Geländerlänge.
- Bei vorhandenem Innengeländer an gewendelten Treppen kann auf einen zusätzlichen Handlauf auf den Umfassungswänden verzichtet werden.
- Bei Außenpodesten und Terrassen sollte durch Anschüttung eine geringere Absturzhöhe als 1 m geplant werden, in diesen Fällen ist kein Geländer erforderlich.
- Falls Außentreppen mit nicht mehr als 5 Steigungen geplant werden, evtl. mit Einschaltung von Podesten, wird ebenfalls kein Geländer erforderlich.

DIN	AK	AA	Bauteiltext	LB	Einheit	Mittelpreis EUR	Preisspanne EUR
359	01		**Außengeländer für Treppen, Podeste oder Balkone, Stahlteile feuerverzinkt, Holzteile imprägniert, mit allen erforderlichen Befestigungsmitteln, Ankerplatten, einschl. Oberflächenbehandlung, Höhe ca. 90 cm, Stababstand der Geländerstäbe 12 cm**				
		01	einfache, gerade Holzgeländer, außen	*027*	m	**158,00**	154,00 161,00
		02	einfache, gewendelte Holzgeländer, außen	*027*	m	**248,00**	241,00 255,00
		03	aufwendige, gerade Holzgeländer, außen	*027*	m	**248,00**	241,00 255,00
		04	aufwendige, gewendelte Holzgeländer, außen	*027*	m	**435,00**	416,00 456,00
		11	einfache, gerade Stahlgeländer, außen	*031*	m	**222,00**	214,00 227,00
		12	einfache, gewendelte Stahlgeländer, außen	*031*	m	**280,00**	272,00 286,00
		13	aufwendige, gerade Stahlgeländer, außen	*031*	m	**305,00**	296,00 310,00
		14	aufwendige, gewendelte Stahlgeländer, außen	*031*	m	**375,00**	369,00 383,00
	02		**Handläufe, außen an Keller- und Außentreppen, Stahlteile feuerverzinkt, Holzteile imprägniert, mit allen erforderlichen Befestigungsteilen, Oberflächenbehandlung**				
		01	einfache Holz-Handläufe, außen	*027*	m	**72,00**	68,00 78,00
		02	aufwendige Holz-Handläufe, außen	*027*	m	**102,00**	94,00 107,00
		11	einfache Stahl-Handläufe, außen	*031*	m	**66,00**	62,00 76,00
		12	aufwendige Stahl-Handläufe, außen	*031*	m	**85,00**	81,00 88,00
	11		**Holzgeländer, innen für Treppen, Podeste oder Balkone, Stahlteile feuerverzinkt, Holzteile imprägniert, mit allen erforderlichen Befestigungsmitteln, Ankerplatten, einschl. Oberflächenbehandlung, Höhe ca. 90 cm, Stababstand der Geländerstäbe 12 cm**				
		01	einfache, geradläufige Holzgeländer, innen	*027*	m	**146,00**	138,00 151,00
		02	einfache, gewendelte Holzgeländer, innen	*027*	m	**224,00**	210,00 236,00
		11	aufwendige, geradläufige Holzgeländer, innen	*027*	m	**174,00**	164,00 184,00
		12	aufwendige, gewendelte Holzgeländer, innen	*027*	m	**350,00**	332,00 371,00

Preisstand III/2017 Index 117,2 (2010 = 100) inkl. MWSt: 19 %

DIN	AK	AA	Bauteiltext	LB	Einheit	Mittelpreis EUR	Preisspanne EUR
359	12		**Stahlgeländer, innen für Treppen, Podeste oder Balkone, Stahlteile feuerverzinkt, Holzteile imprägniert, mit allen erforderlichen Befestigungsmitteln, Ankerplatten, einschl. Oberflächenbehandlung, Höhe ca. 90 cm, Stababstand der Geländerstäbe 12 cm**				
		01	einfache, geradläufige Stahlgeländer, innen	*031*	m	**240,00**	229,00 251,00
		02	einfache, gewendelte Stahlgeländer, innen	*031*	m	**305,00**	291,00 320,00
		11	aufwendige, geradläufige Stahlgeländer, innen	*031*	m	**330,00**	313,00 342,00
		12	aufwendige, gewendelte Stahlgeländer, innen	*031*	m	**410,00**	396,00 426,00
	13		**Raumhohe Geländestäbe als „Harfe" für freie raumseitige Treppenwangen, einschl. oberer und unterer Befestigung, mit allen Befestigungsteilen und Oberflächenbehandlung, Höhe = ca. 2,5 m, Stababstand 10-12 cm**				
		01	raumhohe Geländestäbe aus Rundstahl	*031*	m	**390,00**	375,00 422,00
		02	raumhohe Geländestäbe aus Rechteck-Stahlprofilen	*031*	m	**545,00**	506,00 579,00
		11	raumhohe Geländestäbe aus Holzstäben	*027*	m	**595,00**	560,00 633,00
	14		**Handläufe, innen an Treppen und Podesten, mit allen Befestigungsteilen, einschl. Oberflächenbehandlung**				
		01	einfache Holz-Handläufe, innen	*027*	m	**86,00**	75,00 95,00
		02	aufwendige Holz-Handläufe, innen	*027*	m	**112,00**	98,00 124,00
		11	einfache Stahl-Handläufe, innen	*031*	m	**54,00**	52,00 56,00
		12	aufwendige Stahl-Handläufe, innen	*031*	m	**91,00**	87,00 94,00

350

Preisstand III/2017 Index 117,2 (2010 = 100) inkl. MWSt: 19 %

Hinweise für kostensparende Lösungen

- Bei einer Gebäudetiefe von 10–12 Metern stellt das Satteldach mit ca. 35 Grad Dachneigung die wirtschaftlichste Lösung dar, flachere oder steilere Neigungen erfordern einen relativ höheren Aufwand.
- Die Anordnung von Drempeln ist kostenaufwendig und meist unwirtschaftlich. Sie sollten nur vorgesehen werden, wenn planerische oder konstruktive Zwänge vorhanden sind.
- Sparren- oder Kehlbalkendächer stellen gegenüber Pfettendächern eine preisgünstigere Alternative dar und erfordern geringere Holzmengen. Konstruktive Zwänge (z.B. Auswechslungen, Dachgauben etc.) können die Einsparungen jedoch verringern.
- Die Vergrößerung von Sparrenabständen (ca. 1 m im Lichten) bei gleichzeitiger Verwendung von Doppel-Dachlatten (30 x 60 mm) kann bis zu 20 % Holzersparnis und Reduzierung der Abbindelängen ergeben.
- Auf die Ausbildung von Dachüberständen sollte verzichtet werden, wenn gestalterisch möglich, weil hierdurch die Dachfläche vergrößert wird und zusätzlich aufwendige Bekleidungen erforderlich werden.
- Wenn der Bauherr bereit ist, höhere Durchbiegungen bei Holzpfetten (First- oder Mittelpfetten) zu tolerieren, so kann die Dimensionierung nach 1/200 erfolgen und damit der Pfettenquerschnitt verringert werden.
- Durch die Anordnung beidseitiger Kopfbänder kann die Gesamtstützweite von Pfetten verringert und damit der Pfettenquerschnitt optimiert werden, ebenso durch Anbolzen von Stahlprofilen.
- Bei Mauerwerksgiebeln kann durch Einbau von armierten U-Steinen unter den Pfettenauflagern zur Lastverteilung und Aussteifung auf die Ausbildung von Beton-Ringbalken verzichtet werden, wenn die Dachfläche als Scheibe angenommen werden kann (Rispenbänder).
- Dach-Verbundelemente mit integrierter Wärmedämmung, Unterspannbahn und fertiger Untersicht als Tragglieder auf Pfetten aufgelegt, können bei entsprechenden planerischen Voraussetzungen, d.h. bei großen Dachflächen, ohne großen Anteil von Kehlen, Graten, Ausschnitten etc., eine zeit- und kostensparende Alternative zur konventionellen Dachausbildung darstellen.
- Sonderbauteile wie Dachgauben können als vorgefertigte Bauteile zeit- und kostensparend eingesetzt werden, evtl. schon mit integrierten Fenstern.

DIN	AK	AA	Bauteiltext	LB	Einheit	Mittelpreis EUR	Preisspanne EUR
361	**01**		**Holzsparrenlagen für Dächer für Sparren-, Kehlbalken- oder Pfettendächer, fertig verzimmert, imprägniert, einschl. aller notwendigen Befestigungsteile und Verbindungen**				
		01	Holzsparrenlagen, ca. 6 x 14 cm	*016*	m²	**19,50**	16,00 22,00
		02	Holzsparrenlagen, ca. 6 x 16 cm	*016*	m²	**20,00**	17,00 21,00
		03	Holzsparrenlagen, ca. 6 x 18 cm	*016*	m²	**21,50**	18,00 23,00
		04	Holzsparrenlagen, ca. 6 x 20 cm	*016*	m²	**23,00**	21,00 24,00
		11	Holzsparrenlagen, ca. 8 x 14 cm	*016*	m²	**22,00**	21,00 24,00
		12	Holzsparrenlagen, ca. 8 x 16 cm	*016*	m²	**23,50**	22,00 26,00
		13	Holzsparrenlagen, ca. 8 x 18 cm	*016*	m²	**26,00**	23,00 28,00
		14	Holzsparrenlagen, ca. 8 x 20 cm	*016*	m²	**28,00**	24,00 29,00
		15	Holzsparrenlagen, ca. 8 x 24 cm	*016*	m²	**30,00**	27,00 32,00
	02		**Holzkehlbalkenlagen für Dächer herstellen, fertig verzimmert und imprägniert, einschl. aller notwendigen Befestigungsteile und Verbindungen**				
		01	Holzkehlbalkenlagen, ca. 8 x 16 cm	*016*	m	**23,50**	22,00 24,00
		02	Holzkehlbalkenlagen, ca. 8 x 18 cm	*016*	m	**26,00**	23,00 27,00
		03	Holzkehlbalkenlagen, ca. 8 x 20 cm	*016*	m	**26,00**	23,00 27,00
		04	Holzkehlbalkenlagen, ca. 8 x 24 cm	*016*	m	**27,00**	24,00 30,00
		11	Holzkehlbalkenlagen, ca. 10 x 16 cm	*016*	m	**27,00**	24,00 28,00
		12	Holzkehlbalkenlagen, ca. 10 x 18 cm	*016*	m	**28,00**	24,00 30,00
		13	Holzkehlbalkenlagen, ca. 10 x 20 cm	*016*	m	**30,00**	25,00 31,00
		14	Holzkehlbalkenlagen, ca. 10 x 24 cm	*016*	m	**33,00**	30,00 35,00

DIN	AK	AA	Bauteiltext	LB	Einheit	Mittelpreis EUR	Preisspanne EUR
361	**11**		**Holzpfetten und Fußpfetten herstellen, fertig verzimmert und imprägniert, einschl. Ausbildung der Auflager und aller Befestigungsmittel**				
		01	Fußpfetten, ca. 10 x 10 cm	*016*	m	**15,00**	14,00 16,00
		02	Fußpfetten, ca. 10 x 12 cm	*016*	m	**16,00**	15,00 17,00
		03	Fußpfetten, ca. 10 x 14 cm	*016*	m	**17,50**	16,00 18,00
		11	Bauholzpfetten, ca. 16 x 24 cm	*016*	m	**32,00**	28,00 33,00
		12	Bauholzpfetten, ca. 16 x 26 cm	*016*	m	**34,00**	31,00 34,00
		13	Bauholzpfetten, ca. 20 x 24 cm	*016*	m	**36,00**	35,00 37,00
		14	Bauholzpfetten, ca. 20 x 26 cm	*016*	m	**40,00**	36,00 41,00
		15	Bauholzpfetten, ca. 24 x 26 cm	*016*	m	**47,00**	43,00 49,00
		16	Bauholzpfetten, ca. 24 x 28 cm	*016*	m	**51,00**	48,00 53,00
		21	Leimholzpfetten, ca. 16 x 26 cm	*016*	m	**81,00**	72,00 87,00
		22	Leimholzpfetten, ca. 16 x 30 cm	*016*	m	**90,00**	81,00 92,00
	12		**Holzstützen / Streben im Dach herstellen, fertig verzimmert und imprägniert einschl. der Kopf- und Fußpunktausbildung und der Anschlussverzimmerungen sowie sämtlicher Befestigungsmittel**				
		01	Bauholzstütze, ca. 12 x 12 cm	*016*	m	**17,50**	14,00 18,00
		02	Bauholzstütze, ca. 14 x 14 cm	*016*	m	**19,50**	18,00 22,00
		03	Bauholzstütze, ca. 16 x 16 cm	*016*	m	**22,00**	20,00 24,00
		11	Kopfband Bauholz, ca. 12 x 12 cm	*016*	m	**17,50**	14,00 18,00
		12	Kopfband Bauholz, ca. 14 x 14 cm	*016*	m	**21,00**	17,00 23,00
		13	Kopfband Bauholz, ca. 16 x 16 cm	*016*	m	**24,00**	21,00 26,00

Preisstand III/2017 Index 117,2 (2010 = 100) inkl. MWSt: 19 %

DIN	AK	AA	Bauteiltext	LB	Einheit	Mittelpreis EUR	Preisspanne EUR
361	**13**		**Grate, Kehlen, Widerlager herstellen, mit allen Befestigungsteilen, Ausbildung der Auflager und Anschlüsse, Imprägnierung, fertig verzimmert**				
		01	Gratsparren Bauholz, ca. 12 x 18 cm	*016*	m	**21,00**	19,00 23,00
		02	Gratsparren Bauholz, ca. 12 x 22 cm	*016*	m	**22,00**	20,00 23,00
		11	Kehlbalken Bauholz, ca. 14 x 20 cm	*016*	m	**26,00**	22,00 28,00
		12	Kehlbalken Bauholz, ca. 14 x 24 cm	*016*	m	**30,00**	28,00 31,00
		21	Widerlager Sparrendach in Beton	*013*	m	**83,00**	81,00 86,00
		22	Widerlager Sparrendach, Stahlschuhe	*016*	m	**36,00**	32,00 37,00
	14		**Dachschalungen als flächige Schalung auf oder unter der Dachfläche, imprägniert mit allen Befestigungsmitteln**				
		01	Dachschalung, Spanplatte, D = 22 mm, Nut + Feder V100G	*016*	m²	**34,00**	31,00 35,00
		02	Dachschalung, raue Brettschalung, D = 22 mm	*016*	m²	**34,00**	31,00 36,00
		03	Dachschalung, gehobelte Brettschalung NF, D = 19 mm	*016*	m²	**40,00**	36,00 44,00
	21		**Dachverbundelemente in Sandwichbauweise, freitragend, mit integrierter Wärmedämmschicht aus Hartschaumplatten, unterseitig fertiger Oberfläche und oberseitiger Dichtungsbahn, einschl. aller Anschlüsse und Befestigungsteile**				
		01	Dachverbundelemente, Dämmung 14 cm, D = 20 cm	*912*	m²	**79,00**	71,00 90,00
		02	Dachverbundelemente, Dämmung 18 cm, D = 26 cm	*912*	m²	**88,00**	75,00 97,00
		03	Dachverbundelemente, Dämmung 22 cm, D = 30 cm	*912*	m²	**98,00**	87,00 115,00
		04	Dachverbundelemente, Dämmung 26 cm, D = 34 cm	*912*	m²	**108,00**	95,00 126,00
		05	Dachverbundelemente, Dämmung 30 cm, D = 38 cm	*912*	m²	**116,00**	103,00 136,00

Preisstand III/2017 Index 117,2 (2010 = 100) inkl. MWSt: 19 %

DIN	AK	AA	Bauteiltext	LB	Einheit	Mittelpreis EUR	Preisspanne EUR
361	**31**		**Stahlträger für Dachkonstruktion als Walzprofile, einschl. Rostschutzanstrich und Herstellen der Auflager**				
		01	Stahlträger IPB 120	*017*	m	**89,00**	84,00 91,00
		02	Stahlträger IPB 160	*017*	m	**134,00**	130,00 139,00
		03	Stahlträger IPB 200	*017*	m	**208,00**	201,00 216,00
	41		**Dachgauben als Holzkonstruktion, verzimmert, mit allen Befestigungsteilen und Verbindungen, imprägniert, einschl. Verschalung, ohne Bekleidungen, ohne Fenster**				
		01	Dachgauben, einfach, B = ca. 1,5 m, H = ca. 1,5 m	*016*	St	**385,00**	370,00 397,00
		02	Dachgauben, einfach, B = ca. 1,5 m, H = ca. 2,5 m	*016*	St	**585,00**	575,00 622,00
		03	Dachgauben, einfach, B = ca. 2,0 m, H = ca. 1,5 m	*016*	St	**485,00**	464,00 498,00
		04	Dachgauben, einfach, B = ca. 2,0 m, H = ca. 2,5 m	*016*	St	**810,00**	774,00 837,00
		11	Dachgauben, aufwend. Form, B = ca. 1,5 m, H = ca. 1,5 m	*016*	St	**415,00**	403,00 430,00
		12	Dachgauben, aufwend. Form, B = ca. 1,5 m, H = ca. 2,5 m	*016*	St	**675,00**	636,00 693,00
		13	Dachgauben, aufwend. Form, B = ca. 2,0 m, H = ca. 1,5 m	*016*	St	**525,00**	504,00 541,00
		14	Dachgauben, aufwend. Form, B = ca. 2,0 m, H = ca. 2,5 m	*016*	St	**915,00**	757,00 942,00

Hinweise für kostensparende Lösungen

- Bei der Festlegung der Abmessungen von Dachflächen-Wohnraumfenstern sollte auf möglichst geringe Auswechslungsbreiten geachtet werden, um eine Optimierung der Dachtragkonstruktion nicht in Frage zu stellen.
- Das Sparren- oder Fertigteildachraster ist sorgsam zu beachten, um unnötige Auswechslungen zu vermeiden.
- Die Anordnung von Mittelpfetten und Drempelabmauerungen sollte einen problemlosen Einbau von Dachflächenfenstern gewährleisten.
- Durch Einbau von Aufkeil-Eindeckrahmen kann lichte Höhe unter Dachflächenfenstern gewonnen und damit unter Umständen auf die Planung von Dachgauben verzichtet werden.
- Für untergeordnete Räume können wärmegedämmte Dachfenster mit Isolierverglasung anstelle von Wohnraum-Flächenfenstern eingebaut werden.
- Abhängig von Fensterfunktionen und Beschlägen gibt es eine Reihe von kostengünstigen Alternativen bei Dachflächen-Wohnraumfenstern, die sorgfältig geprüft werden sollten.
- Auf Sonnenschutzeinrichtungen wie Außen- oder Innenrollos kann bei entsprechender Ausrichtung des Dachflächenfensters verzichtet werden, Nachrüstbarkeit sollte beachtet werden.
- Vertikale Zusatzelemente als Unterlichter zu Dachflächen-Wohnraumfenstern bieten gestalterische Möglichkeiten, sind aber aufwendig und unterbrechen zusätzlich die Dachentwässerung (zusätzliche Fallrohre können erforderlich werden).

DIN	AK	AA	Bauteiltext	LB	Einheit	Mittelpreis EUR	Preisspanne EUR
362	01		**Dachluken für nicht ausgebaute Dachräume, mit allen Befestigungsmitteln und Zubehörteilen, Anschluss an die Dachhaut**				
		01	4-pfannige Dachluken	*020*	St	**106,00**	102,00 109,00
		02	6-pfannige Dachluken	*020*	St	**136,00**	133,00 140,00
	02		**Dachfenster in wärmegedämmter Ausführung mit Isolierglas, für Dachräume untergeordneter Nutzung, mit allen Befestigungsmitteln und Zubehörteilen, Anschluss an die Dachhaut**				
		01	4-pfanniges Dachfenster, wärmegedämmt	*020*	St	**154,00**	147,00 160,00
		02	6-pfanniges Dachfenster, wärmegedämmt	*020*	St	**196,00**	188,00 201,00
	11		**Dachflächen-Wohnraumfenster mit Isolierverglasung, Eindeck- und Flügelrahmen, einschl. Auswechslung und Anschluss an die Dachhaut, mit allen Zubehörteilen, Abdichtung und Oberflächenbehandlung**				
		01	Dachflächenfenster, einfach, Größe bis 0,5 m²	*020*	St	**535,00**	513,00 554,00
		02	Dachflächenfenster, einfach, Größe 0,5-1,0 m²	*020*	St	**635,00**	615,00 656,00
		03	Dachflächenfenster, einfach, Größe 1,0-1,5 m²	*020*	St	**800,00**	773,00 827,00
		04	Dachflächenfenster, einfach, Größe 1,5-2,0 m²	*020*	St	**895,00**	862,00 916,00
		11	Dachflächenfenster, gehoben, Größe bis 0,5 m²	*020*	St	**875,00**	834,00 903,00
		12	Dachflächenfenster, gehoben, Größe 0,5-1,0 m²	*020*	St	**1.025,00**	978,00 1.074,00
		13	Dachflächenfenster, gehoben, Größe 1,0-1,5 m²	*020*	St	**1.250,00**	1.190,00 1.300,00
		14	Dachflächenfenster, gehoben, Größe 1,5-2,0 m²	*020*	St	**1.475,00**	1.388,00 1.525,00

DIN	AK	AA	Bauteiltext	LB	Einheit	Mittelpreis EUR	Preisspanne EUR
	12		**Zubehör zu Dachflächenfenstern als Fertigelemente, mit allen Befestigungsmitteln und Zubehörteilen, Anschlüssen und Abdichtungen, Oberflächenbehandlung**				
		01	Aufkeilrahmen, bis 0,5 m²	*020*	St	**202,00**	188,00 216,00
		02	Aufkeilrahmen, 0,5-1,0 m²	*020*	St	**232,00**	216,00 244,00
		03	Aufkeilrahmen, 1,0-1,5 m²	*020*	St	**295,00**	276,00 311,00
		04	Aufkeilrahmen, 1,5-2,0 m²	*020*	St	**320,00**	300,00 342,00
		11	Innenfutter, bis 0,5 m²	*020*	St	**112,00**	108,00 115,00
		12	Innenfutter, 0,5-1,0 m²	*020*	St	**144,00**	136,00 150,00
		13	Innenfutter, 1,0-1,5 m²	*020*	St	**210,00**	195,00 223,00
		14	Innenfutter, 1,5-2,0 m²	*020*	St	**244,00**	230,00 258,00
	13		**Sonnenschutz Dachflächenfenster als Fertigelemente, mit allen Befestigungsmitteln und Zubehörteilen, Anschlüssen**				
		01	Außenrollos, bis 0,5 m²	*020*	St	**81,00**	76,00 83,00
		02	Außenrollos, 0,5-1,0 m²	*020*	St	**102,00**	97,00 104,00
		03	Außenrollos, 1,0-1,5 m²	*020*	St	**150,00**	146,00 153,00
		04	Außenrollos, 1,5-2,0 m²	*020*	St	**164,00**	157,00 171,00
		11	Innenrollos, bis 0,5 m²	*020*	St	**60,00**	55,00 62,00
		12	Innenrollos, 0,5-1,0 m²	*020*	St	**70,00**	67,00 72,00
		13	Innenrollos, 1,0-1,5 m²	*020*	St	**92,00**	87,00 94,00
		14	Innenrollos, 1,5-2,0 m²	*020*	St	**112,00**	108,00 115,00

DIN	AK	AA	Bauteiltext	LB	Einheit	Mittelpreis EUR	Preisspanne EUR
362	21		**Lichtkuppeln mit Isolierverglasung und komplettem Eindeckrahmen, einschl. Anschluss an die Dachhaut, Abdichtung, mit allen Zubehörteilen**				
		01	Lichtkuppeln, einfach, Größe bis 0,5 m²	*021*	St	**565,00**	550,00 578,00
		02	Lichtkuppeln, einfach, Größe 0,5-1,0 m²	*021*	St	**635,00**	619,00 646,00
		03	Lichtkuppeln, einfach, Größe 1,0-1,5 m²	*021*	St	**1.025,00**	1.005,00 1.046,00
		04	Lichtkuppeln, einfach, Größe 1,5-2,0 m²	*021*	St	**1.125,00**	1.081,00 1.149,00
		11	Lichtkuppeln, gehoben, Größe bis 0,5 m²	*021*	St	**620,00**	578,00 639,00
		12	Lichtkuppeln, gehoben, Größe 0,5-1,0 m²	*021*	St	**705,00**	691,00 711,00
		13	Lichtkuppeln, gehoben, Größe 1,0-1,5 m²	*021*	St	**1.125,00**	1.094,00 1.163,00
		14	Lichtkuppeln, gehoben, Größe 1,5-2,0 m²	*021*	St	**1.225,00**	1.190,00 1.319,00

Preisstand III/2017 Index 117,2 (2010 = 100) inkl. MWSt: 19 %

Hinweise für kostensparende Lösungen

- Durch Verzicht auf Dachüberstände an Traufen und Ortgängen kann die Dachfläche auf das notwendige Mindestmaß beschränkt werden.
- Sonderbauteile wie Gauben- und Erkerdächer können als Pappdächer ausgeführt werden, Pfannendächer erfordern höheren Aufwand.
- Bei Flachdachgauben ist durch Neigung des Gaubendaches zur Hauptdachfläche (Gegengefälle) der Verzicht auf Entwässerungsrinnen möglich.
- Fallrohre zur Dachentwässerung sollten jeweils für mehrere Hauseinheiten zusammen angeordnet werden.
- Die Dachfläche sollte ohne aufwendige Kehlen oder Grate ausgeführt und auf einfache Formen beschränkt werden, ebenso Gauben und Erkerdächer.
- Dachaufbauten und Einschnittbreiten sind dem Dachraster und dem Pfannenmaß entsprechend zu dimensionieren.
- Betondachsteine in Standardformen und -farben sind in der Regel kostengünstiger als Dachziegel.
- Großformatige Well-Faserzementplatten stellen eine kostengünstige Alternative dar und bringen geringere Auflasten auf den Dachstuhl.

DIN	AK	AA	Bauteiltext	LB	Einheit	Mittelpreis EUR	Preisspanne EUR
363	01		**Dach-Pfanneneindeckungen von geneigten Dächern, einschl. imprägnierter Unterkonstruktion, Unterspannbahn, mit allen Sonderziegeln, Firstausbildung, Befestigungsmitteln**				
		01	einfache Betondachsteineindeckungen	*020*	m²	**47,00**	43,00 47,00
		02	gehobene Betondachsteindeckungen	*020*	m²	**49,00**	46,00 50,00
		11	einfache Tonpfannendeckungen	*020*	m²	**59,00**	55,00 60,00
		12	gehobene Tonpfannendeckungen	*020*	m²	**67,00**	64,00 68,00
	02		**Dach-Platteneindeckungen von geneigten Dächern, einschl. imprägnierter Unterkonstruktion, Unterspannbahn, Be- und Entlüftung Firstausbildung, mit allen Befestigungsmitteln und Abschlussprofilen**				
		01	Faserzement-Großformatwellplatten-Deckungen	*020*	m²	**52,00**	49,00 53,00
		02	Faserzement-Mittelformat-Deckungen auf Lattung	*020*	m²	**98,00**	94,00 101,00
		03	Faserzement-Kleinformat-Deckungen auf Schalung	*020*	m²	**126,00**	122,00 129,00
		11	Bitumenschindel-Deckungen, einfach	*020*	m²	**75,00**	71,00 78,00
		12	Bitumenschindel-Deckungen, gehoben	*020*	m²	**88,00**	83,00 90,00
	11		**Dach-Metalleindeckungen von Sonderbauteilen wie Gauben und Erkerdächern, bestehend aus einer Vollschalung, Bitumenpappvordeckung, Metalleindeckung, mit allen Anschlüssen und Befestigungsmitteln, Holzschalung imprägniert**				
		01	Zinkeindeckungen, D = 0,7 mm	*020*	m²	**152,00**	140,00 166,00
		02	Zinkeindeckungen, Stehfalz, D = 0,7 mm	*020*	m²	**168,00**	162,00 170,00
		03	Kupferblecheindeckungen, D = 0,7 mm	*020*	m²	**226,00**	219,00 234,00
		04	Eindeckungen aus Walzblei, D = ca. 1,0 mm	*020*	m²	**190,00**	185,00 193,00
		05	einfache Schieferdoppeldeckung	*020*	m²	**158,00**	155,00 162,00

Preisstand III/2017 Index 117,2 (2010 = 100) inkl. MWSt: 19 %

DIN	AK	AA	Bauteiltext	LB	Einheit	Mittelpreis EUR	Preisspanne EUR
363	12		**Dach-Dichtungsbahn-Eindeckungen von flachen oder geneigten Dächern, bestehend aus einer Vollschalung, (ca. 15 EUR/m²) imprägniert, Ausgleichs- und Dichtungsschicht, mit allen Anschlüssen**				
		01	Bitumen-Dachdichtung, 2-lagig	*021*	m²	**83,00**	79,00 86,00
		02	Bitumen-Dachdichtung, 3-lagig	*021*	m²	**94,00**	92,00 96,00
		03	Bitumen-Dachdichtung, 4-lagig	*021*	m²	**108,00**	104,00 111,00
		11	Kunststoff-Dachdichtungsbahn, 1-lagig	*021*	m²	**44,00**	42,00 45,00
		21	Bekiesung in ca. 5 cm Dicke	*021*	m²	**15,50**	14,00 18,00
	13		**Extensive Dachbegrünung, inkl. aller notwendigen Abklebungen, ab OK STB oder Schalung, Substratschicht, Dachrandanschlüsse, Pflegemaßnahmen bis zum Aufwuchs**				
		01	mit Sprosseneinsaat (Seedümgewächse)	*021*	m²	**106,00**	76,00 132,00
		02	mit vorgezüchteter Vegetationsmatte	*021*	m²	**126,00**	104,00 146,00
	21		**Wärmedämmschichten an Dächern für flache oder geneigte Dächer, oberseitig belüftet, einschl. Dampfbremse, mit allen Anschlüssen**				
		01	WD an Dächern, Mineralfasermatten, D = 16 cm	*021*	m²	**31,00**	29,00 33,00
		02	WD an Dächern, Mineralfasermatten, D = 20 cm	*021*	m²	**37,00**	33,00 39,00
		03	WD an Dächern, Mineralfasermatten, D = 24 cm	*021*	m²	**41,00**	37,00 45,00
		04	WD an Dächern, Mineralfasermatten, D = 28 cm	*021*	m²	**47,00**	43,00 52,00
		11	WD an Dächern, Polystyrolplatten, D = 16 cm	*021*	m²	**27,00**	26,00 31,00
		12	WD an Dächern, Polystyrolplatten, D = 20 cm	*021*	m²	**33,00**	28,00 35,00
		13	WD an Dächern, Polystyrolplatten, D = 24 cm	*021*	m²	**40,00**	34,00 43,00
		14	WD an Dächern, Polystyrolplatten, D = 28 cm	*021*	m²	**42,00**	36,00 46,00

Preisstand III/2017 Index 117,2 (2010 = 100) inkl. MWSt: 19 %

DIN	AK	AA	Bauteiltext	LB	Einheit	Mittelpreis EUR	Preisspanne EUR
363	31		**Dachanschlüsse an Sonderbauteilen und aufgehenden Wänden, in Zuschnitten von ca. 25-30 cm**				
		01	Dachanschlüsse aus Zinkblech	*022*	m²	**91,00**	87,00 94,00
		02	Dachanschlüsse aus Kupferblech	*022*	m²	**98,00**	94,00 101,00
		03	Dachanschlüsse aus Walzblei	*022*	m²	**112,00**	108,00 116,00
		11	Dachanschlüsse als Schweißbahn mit Alu-Einlage	*022*	m²	**33,00**	31,00 34,00
		21	Dachanschlüsse als Aluminiumprofile	*022*	m²	**102,00**	97,00 105,00
	41		**Dachentwässerung als Traufrinnen und Fallrohre, mit allen Halterungen und Befestigungsteilen, Einläufen und Anschlüssen, Einlaufblechen, Laubfangkörben**				
		01	Zinkblech-Hängerinnen, ca. 20 cm	*022*	m	**44,00**	42,00 45,00
		02	Kupferblech-Hängerinnen, ca. 20 cm	*022*	m	**76,00**	72,00 79,00
		03	Kunststoff-Hängerinnen, ca. 20 cm	*022*	m	**42,00**	40,00 45,00
		04	Zinkblech-Hängerinnen, ca. 33 cm	*022*	m	**47,00**	45,00 50,00
		05	Kupferblech-Hängerinnen, ca. 33 cm	*022*	m	**85,00**	81,00 88,00
		06	Kunststoff-Hängerinnen, ca. 33 cm	*022*	m	**43,00**	40,00 45,00
		11	Fallrohre DN 100 aus Zinkblech	*022*	m	**39,00**	37,00 40,00
		12	Fallrohre DN 100 aus Kupferblech	*022*	m	**53,00**	50,00 55,00
		13	Fallrohre DN 100 aus Kunststoff	*022*	m	**33,00**	30,00 33,00

Preisstand III/2017 Index 117,2 (2010 = 100) inkl. MWSt: 19 %

Hinweise für kostensparende Lösungen

- Bei Verwendung von Fertig-Dachelementen mit integrierter Wärmedämmung und innenseitiger Holzwerkstoffplatte stehen ohne weitere Zusatzmaßnahmen eine streich- oder tapezierfähige Oberfläche zur Verfügung.
- Die Wärmedämmung der Dachfläche durch Dämm-Matten zwischen den Sparren ist kostengünstiger gegenüber Dämmsystemen auf der Sparrenlage.
- Zwischen die Sparren eingepasste Bekleidungen, um die Sparren sichtbar zu belassen, sind aufwendiger als flächige Bekleidungen unterhalb der Sparrenlage.
- Die Sparrenquerschnitte sollten unter Berücksichtigung einer Dämmlage zwischen den Sparren in der Höhe ausreichend bemessen werden, z.B. mind. 20 cm. Nachträgliche Aufdickungen verteuern unnötig die Konstruktion.
- Bei Holzbekleidungen der Dachflächen sollte auf Winddichtungen in Form von Folien oder Sperrholzplatten nicht verzichtet werden.
- Gipskartonplatten bieten eine ausreichende Winddichtung durch verspachtelte Fugen. Auf eine Ausgleichslattung als Unterkonstruktion kann jedoch im Allgemeinen nicht verzichtet werden.
- Auf die Oberflächenbehandlung von Holzverkleidungen kann eventuell verzichtet werden, besonders unter Beachtung der Problematik von Holzschutzmitteln.
- Gipskartonbekleidungen können nur gestrichen oder mit einem Kunststoff-Rollputz versehen werden, Tapeten erscheinen besonders im Dachraum nicht unbedingt erforderlich.

DIN	AK	AA	Bauteiltext	LB	Einheit	Mittelpreis EUR	Preisspanne EUR
364	**01**		**Gipskarton-Dachbekleidungen innen unter flachen oder geneigten Dächern, einschl. imprägnierter Ausgleichslattung, der erforderlichen Befestigungsmittel, Überspannen und Spachteln der Fugen, mit allen Anschlüssen**				
		01	GK-Dachbekleidungen, D = 12,5 mm, innen	*039*	m²	**50,00**	45,00 55,00
		11	GK-Dachbekleidungen, Feuchtraum, D = 12,5 mm, innen	*039*	m²	**54,00**	47,00 59,00
		12	GK-Dachbekleidungen, Feuerschutz, D = 15 mm, innen	*039*	m²	**55,00**	52,00 62,00
	02		**Holzbekleidungen unter Dächern, einschl. imprägnierter Ausgleichslattung, Windfolie, mit allen Befestigungsmitteln und Anschlüssen, Verschnitt eingerechnet, aus Profilbrettern**				
		01	Nadelholz, Dachbekleidungen, Normalprofile, innen	*027*	m²	**87,00**	83,00 89,00
		02	Nadelholz, Dachbekleidungen, Sonderprofile, innen	*027*	m²	**114,00**	110,00 117,00
		11	Edelholz, Dachbekleidungen, Normalprofile, innen	*027*	m²	**146,00**	139,00 152,00
		12	Edelholz, Dachbekleidungen, Sonderprofile, innen	*027*	m²	**168,00**	160,00 173,00
	03		**Bekleidungen zwischen Dachsparren eingepasst mit sichtbaren Sparren, Achsabstand ca. 55 cm, mit seitlicher Befestigung an den Sparren, mit allen Befestigungsmitteln, Anschlüssen und Abdichtungen, sichtbarer Sparrenanschluss als Viertelstäbe**				
		01	GK-Bauplatten, D = 12,5 mm, zwischen den Sparren	*039*	m²	**70,00**	64,00 76,00
		11	Nadelholz-Profilbretter, zwischen den Sparren	*027*	m²	**114,00**	110,00 117,00
		12	Edelholz-Profilbretter, zwischen den Sparren	*027*	m²	**160,00**	149,00 169,00
	11		**Kunststoff-Beschichtungen der Dachbekleidungen als fertige Oberfläche mit Struktur, einschl. erforderlicher Vorarbeiten, Abdeckungen und Anschlüsse, Oberflächenbearbeitung**				
		01	einfacher Rollputz der Dachbekleidungen	*023*	m²	**19,50**	18,00 21,00
		02	gehobener Rollputz der Dachbekleidungen	*023*	m²	**22,00**	19,00 22,00
		11	einfacher Spritzputz der Dachbekleidungen	*023*	m²	**17,50**	15,00 18,00
		12	gehobener Spritzputz der Dachbekleidungen	*023*	m²	**18,00**	17,00 20,00

Preisstand III/2017 Index 117,2 (2010 = 100) inkl. MWSt: 19 %

DIN	AK	AA	Bauteiltext	LB	Einheit	Mittelpreis EUR	Preisspanne EUR
364	**12**		**Anstriche Dachbekleidungen innen auf verschiedenen Untergründen, einschl. erforderlicher Vorarbeiten und Abdeckungen**				
		01	Dispers.-Anstrich auf GK-Dachbekleidungen, waschfest	*034*	m²	**4,75**	4,00 5,00
		02	Dispers.-Anstrich auf GK-Dachbekleidungen, scheuerfest	*034*	m²	**4,75**	3,00 6,00
		11	Holz-Imprägnierungslasur auf Dachbekleidungen	*034*	m²	**14,00**	12,00 16,00
		12	Holzdickschichtlasur auf Dachbekleidungen	*034*	m²	**14,00**	12,00 16,00
		13	Holzlackierung mit Acryllack auf Dachbekleidungen	*034*	m²	**16,00**	14,00 17,00
		14	Holzlackierung mit Kunstharzlack auf Dachbekleidungen	*034*	m²	**16,50**	15,00 19,00
	13		**Tapeten auf Dachbekleidungen innen auf Gipskartonflächen, mit Trennanstrich, einschl. erforderlicher Vorarbeiten und Abdeckungen, Verschnitt eingerechnet**				
		01	Leichte Papiertap. auf Dachbekleidungen, ca. 5,00 EUR/Rolle	*037*	m²	**10,50**	9,00 12,00
		02	mittlere Tapete auf Dachbekleidungen, ca. 7,00 EUR/Rolle	*037*	m²	**13,50**	9,00 14,00
		03	mittlere Tapete auf Dachbekleidungen, ca. 11,50 EUR/Rolle	*037*	m²	**15,50**	10,00 18,00
		11	Raufaser auf Dachbekleidungen, Anstrich	*037*	m²	**9,00**	5,00 10,00
		21	Vinyltapete auf Dachbekleidungen, ca. 11,00 EUR/Rolle	*037*	m²	**21,50**	14,00 22,00
		22	Vinyltapete auf Dachbekleidungen, ca. 17,00 EUR/Rolle	*037*	m²	**29,00**	21,00 30,00
	21		**Holzwolle-Leichtbauplatten als Dachbekleidung innen unter Dächern von Nebenräumen, einschl. aller Befestigungsmittel und Anschlüsse**				
		01	Dachbekleidung, HWL-Platte, innen, D = 2,5 cm	*023*	m²	**29,00**	26,00 30,00
		02	Dachbekleidung, HWL-Platte, innen, D = 3,5 cm	*023*	m²	**30,00**	27,00 31,00
		03	Dachbekleidung, HWL-Platte, innen, D = 5,0 cm	*023*	m²	**38,00**	34,00 39,00
		11	HWL-Dämm-Verbundelement, innen, D = 3,5 cm	*023*	m²	**38,00**	34,00 40,00
		12	HWL-Dämm-Verbundelement, innen, D = 5,0 cm	*023*	m²	**41,00**	37,00 43,00

Preisstand III/2017 Index 117,2 (2010 = 100) inkl. MWSt: 19 %

Hinweise für kostensparende Lösungen

- Bei Bekleidungen von Gaubenwangen oder Dacheinschnitten kann auf doppelschalige, hinterlüftete Konstruktionen verzichtet werden. Eine Verbundkonstruktion genügt im Allgemeinen für derartige Bauteile.
- Bekleidungen von Kaminköpfen und Lüftungsauslässen sind als vorgefertigte Mantelkonstruktionen preiswert zu erstellen.
- Zweischalig gemauerte Kaminköpfe über Dach erfordern erheblichen Aufwand.
- Großformatige Bekleidungen von Gaubenwangen und Kaminköpfen sind kostengünstiger als Kleinformate, es sind allerdings gestalterische Aspekte zu beachten.
- Auf besondere unterseitige Bekleidungen von Dachüberständen sollte verzichtet werden. Die belüfteten Sparrenzwischenräume sind durch Siebe gegen Insekten zu sichern.

DIN	AK	AA	Bauteiltext	LB	Einheit	Mittelpreis EUR	Preisspanne EUR
365	01		**Holz-Dachbekleidungen außen auf Gauben oder Dacheinschnitten, alle Holzteile imprägniert, Verschnitt eingerechnet, mit allen Befestigungsmitteln und Anschlüssen, Oberflächenbehandlung, aus Profilbrettern B = ca. 12 cm**				
		01	Nadelholz Dachbekleidungen, Verbundkonstruktion	020	m^2	**74,00**	71,00 77,00
		02	Edelholz Dachbekleidungen, Verbundkonstruktion	020	m^2	**93,00**	89,00 96,00
		11	Nadelholz Dachbekleidungen, Vorhängekonstruktion	020	m^2	**100,00**	92,00 106,00
		12	Edelholz Dachbekleidungen, Vorhängekonstruktion	020	m^2	**116,00**	106,00 126,00
	02		**Faserzementplatten-Bekleidungen von Dachflächen und Gauben, einschl. Unterkonstruktion, imprägniert, mit allen Befestigungsmitteln und Anschlüssen**				
		01	Faserzementplatten, Verbundkonstruktion, Großformate	020	m^2	**124,00**	119,00 126,00
		02	Faserzementplatten, Verbundkonstruktion, Kleinformate	020	m^2	**148,00**	143,00 150,00
		11	Faserzementplatten, Vorhängekonstruktion, Großformate	020	m^2	**148,00**	144,00 151,00
		12	Faserzementplatten, Vorhängekonstruktion, Kleinformate	020	m^2	**160,00**	153,00 167,00
	03		**Dach-Metallbekleidungen außen auf Gauben oder Dacheinschnitten, einschl. Unterkonstruktion, Bitumenpapp-Vordeckung, Imprägnierung, mit allen Befestigungsmitteln und Anschlüssen**				
		01	Zinkblech Dachbekleidungen, Verbundkonstruktion	020	m^2	**148,00**	140,00 153,00
		02	Zinkblech Dachbekleidungen, Vorhängekonstruktion	020	m^2	**182,00**	178,00 193,00
		11	Kupferblech Dachbekleidungen, Verbundkonstruktion	020	m^2	**186,00**	178,00 193,00
		12	Kupferblech Dachbekleidungen, Vorhängekonstruktion	020	m^2	**226,00**	219,00 234,00

Preisstand III/2017 Index 117,2 (2010 = 100) inkl. MWSt: 19 %

DIN	AK	AA	Bauteiltext	LB	Einheit	Mittelpreis EUR	Preisspanne EUR
365	**11**		**Wärmedämmschichten Dachbekleidung für Dachgauben und Dacheinschnitte, einschl. Dampfbremse, mit allen Anschlüssen**				
		01	Wärmedämmung an Gauben, Mineralfasermatten, D = 12 cm	*020*	m²	**22,50**	20,00 24,00
		02	Wärmedämmung an Gauben, Mineralfasermatten, D = 14 cm	*020*	m²	**24,50**	19,00 25,00
		03	Wärmedämmung an Gauben, Mineralfasermatten, D = 16 cm	*020*	m²	**27,00**	24,00 30,00
		04	Wärmedämmung an Gauben, Mineralfasermatten, D = 18 cm	*020*	m²	**31,00**	28,00 32,00
		05	Wärmedämmung an Gauben, Mineralfasermatten, D = 20 cm	*020*	m²	**34,00**	31,00 36,00
		11	Wärmedämmung an Gauben, Polystyrolplatten, D = 12 cm	*020*	m²	**19,50**	17,00 21,00
		12	Wärmedämmung an Gauben, Polystyrolplatten, D = 14 cm	*020*	m²	**22,00**	19,00 23,00
		13	Wärmedämmung an Gauben, Polystyrolplatten, D = 16 cm	*020*	m²	**23,00**	21,00 24,00
		14	Wärmedämmung an Gauben, Polystyrolplatten, D = 18 cm	*020*	m²	**25,00**	22,00 26,00
		15	Wärmedämmung an Gauben, Polystyrolplatten, D = 20 cm	*020*	m²	**28,00**	24,00 29,00
	12		**Anstriche Dachbekleidungen außen auf verschiedenen Untergründen einschl. erforderlicher Vorbehandlungen und Abdeckungen**				
		01	Lackieren von Metallbekleidungen, außen	*034*	m²	**19,50**	17,00 20,00
		11	Holz-Dickschichtlasur, außen	*034*	m²	**11,50**	9,00 12,00
		12	Lackieren von Holzbekleidungen, außen	*034*	m²	**17,50**	16,00 19,00
	21		**Kaminkopf-Bekleidungen, in kleinteiligen Flächen, über Dachhaut, auf Beton- oder Mauerwerk, einschl. der erforderlichen Vorarbeiten, mit allen Anschlussprofilen und Eckausbildungen, Gleitbleche**				
		01	Mauerwerks-Sichtverfugung an Kaminköpfen	*012*	m²	**43,00**	40,00 44,00
		02	Zement-Verputz, zweilagig, auf Kaminköpfen	*012*	m²	**160,00**	146,00 200,00
		11	Faserzement-Bekleidungen von Kaminköpfen, Großformate	*020*	m²	**184,00**	173,00 187,00
		12	Faserzement-Bekleidungen von Kaminköpfen, Kleinformate	*020*	m²	**212,00**	204,00 217,00

Preisstand III/2017 Index 117,2 (2010 = 100) inkl. MWSt: 19 %

Hinweise für kostensparende Lösungen

- Laufroste, Trittstufen, Abdeckungen und sonstige Zubehörteile für die Dachfläche, zur Reinigung von Kaminen durch den Schornsteinfeger, können entfallen bei Planung von Außenwandheizgeräten ohne Kaminanschluss.
- Schneefanggitter sollten nur bei stärkerer Dachneigung in Klimazonen mit hohem Schneefall angeordnet werden.
- Kaminabdeckplatten als Niederschlagschutz können unter Umständen entfallen.

DIN	AK	AA	Bauteiltext	LB	Einheit	Mittelpreis EUR	Preisspanne EUR
369	01		**Dach-Sicherungselemente für geneigte Dächer, integriert in die Dacheindeckung, mit allen Anschlüssen und Zubehörteilen, Befestigungsmitteln, Formstücken**				
		01	Leiterhaken, verzinkt	*020*	St	**17,00**	15,00 18,00
		02	Trittsteine mit Steigtritt	*020*	St	**82,00**	78,00 85,00
		11	Laufroste, B = 25 cm, L = ca. 60 cm	*020*	St	**99,00**	94,00 102,00
		12	Laufroste, B = 25 cm, L = ca. 90 cm	*020*	St	**124,00**	121,00 128,00
		21	Schneefanggitter, ca. 20 x 100 cm	*020*	St	**34,00**	32,00 35,00
		22	Schneefanggitter, ca. 20 x 300 cm	*020*	St	**102,00**	94,00 109,00
		31	Dachleitern, Aluminium, L = ca. 2 m	*020*	St	**202,00**	185,00 216,00
		32	Dachleitern, Aluminium, L = ca. 3 m	*020*	St	**305,00**	284,00 329,00
	11		**Kaminabdeckplatten für Einfamilienhäuser, aufgeständert als Niederschlagschutz, mit fertiger Oberflächenbehandlung, Anschlüssen für 1-3 Kaminzüge**				
		01	Beton-Kaminabdeckplatten	*013*	St	**120,00**	116,00 123,00
		02	V2A-Kaminabdeckplatten	*012*	St	**250,00**	244,00 258,00
		03	Faserzement-Kaminabdeckplatten	*022*	St	**88,00**	83,00 90,00

Preisstand III/2017 Index 117,2 (2010 = 100) inkl. MWSt: 19 %

Hinweise für kostensparende Lösungen

- Bei der in der Regel pauschal kalkulierten Baustelleneinrichtung des Rohbaugewerkes sinkt der Kostenanteil des Einzelhauses mit der Projektgröße, wenn keine besonderen, erschwerenden Bedingungen vorliegen.
- Bereits in der Planung der städtebaulichen Situation sollten Aspekte einer wirtschaftlichen Baustelleneinrichtung mit einbezogen werden.
- Hinsichtlich der Bildung von Bauabschnitten und Bauserien sollte der Rohbauunternehmer Vorgaben über optimalen Maschineneinsatz mit in die Planung einbringen.
- Die Möglichkeit des Einsatzes von Kränen auf Rädern, wie sie in den Niederlanden und in Skandinavien üblich ist, mit entsprechender Flexibilität, sollte gegenüber stationären und Schienensystemen geprüft werden.
- Der Arbeitsraum um die Gebäude sollte frühzeitig verfüllt werden, damit das Bauobjekt allseitig gut zugänglich ist.
- Eine rechtzeitige Festlegung der Art der Baustelleneinrichtung mit detaillierter Beschreibung der verfügbaren Geräte, Lagerflächen usw., bei der Ausschreibung und der Mitbenutzungsmöglichkeit anderer Gewerke kann auch bei den Ausbaugewerken kostensenkend wirken.
- Es sollten Baustelleneinrichtungspläne erstellt und den Ausschreibungen beigefügt werden.

Hinweise für die Anwendung des Bauteilkatalogs

In alle Bauteilpreise ist die übliche Baustelleneinrichtung anteilig einkalkuliert.

Besondere Einrichtungen können zusätzlich erfasst werden.

Weiterhin sind Komplettbauteile für Baustelleneinrichtung des Rohbaugewerkes angegeben, wenn diese gesondert ausgewiesen werden sollen.

– In diesem Fall sind alle Bauteilpreise über einen ./.-Wert anteilig zu mindern.

DIN	AK	AA	Bauteiltext	LB	Einheit	Mittelpreis EUR	Preisspanne EUR
391	01		**Außengerüste aus Stahlrohr in den erforderlichen Tiefen, mit allen Sicherungsmaßnahmen und Befestigungen, für eine Grundstandzeit von vier Wochen**				
		01	Malergerüste, außen, Grundstandzeit	*001*	m²	**8,50**	7,00 9,00
		02	Mauergerüste, außen, Grundstandzeit	*001*	m²	**13,50**	12,00 14,00
		11	Malergerüste, außen, Überstand 4 Wochen	*001*	m²	**2,75**	1,00 3,00
		12	Mauergerüste, außen, Überstand 4 Wochen	*001*	m²	**2,25**	1,00 3,00
	02		**Schutzvorrichtungen bei der Baustelleneinrichtung als Sicherungsmaßnahmen zur Gefahrenabwehr für Personen und Bauteile**				
		01	Bauzaun aus Stahlmatten	*000*	m²	**12,00**	10,00 12,00
		02	Bauzaun geschlossen, Holzschalung	*000*	m²	**25,00**	24,00 26,00
		11	Schutzgeländer mit Befestigung	*000*	m²	**11,50**	9,00 13,00
		12	Überdachung aus Holzschalung	*000*	m²	**33,00**	30,00 34,00
		13	Laufstege, B = 1 m, mit Überdachung	*000*	m²	**146,00**	132,00 180,00
		21	Folienabdeckungen	*000*	m²	**3,25**	2,00 4,00
		22	Planenabdeckungen	*000*	m²	**3,50**	2,00 5,00
		31	Abdeckungen mit Bitumendachpappe	*000*	m²	**15,50**	13,00 16,00
	11		**Bauschild mit Projektdaten und Projektbeteiligten, einschl. Traggerüst, Befestigungsmitteln und Aufstellung**				
		01	Bauschild, Größe bis 2 m²	*000*	St	**1.225,00**	1.191,00 1.259,00
		02	Bauschild, Größe 2-4 m²	*000*	St	**1.700,00**	1.668,00 1.736,00
		03	Bauschild, Größe 4-6 m²	*000*	St	**2.825,00**	2.758,00 2.894,00
		04	Bauschild, Größe 6-8 m²	*000*	St	**3.450,00**	3.371,00 3.507,00
		05	Bauschild, Größe 9-14 m²	*000*	St	**4.150,00**	3.949,00 4.358,00

Preisstand III/2017 Index 117,2 (2010 = 100) inkl. MWSt: 19 %

DIN	AK	AA	Bauteiltext	LB	Einheit	Mittelpreis EUR	Preisspanne EUR
391	21		**Lagerflächen herrichten auf dem Baugelände, zur Lagerung von Geräten und Bauteilen, einschl. späterer Demontage**				
		01	Lagerflächen, normale Bedingungen	000	m²	**11,50**	9,00 12,00
		02	Lagerflächen, erschwerte Bedingungen	000	m²	**14,00**	12,00 15,00
	22		**Lagerräume herrichten und vorhalten, mit ausreichender Ausstattung, Telefonanschluss, Beheizungsmöglichkeit**				
		01	Lagerräume, ca. 10 m² Nutzfläche	000	St	**1.575,00**	1.362,00 1.770,00
		02	Lagerräume, ca. 15 m² Nutzfläche	000	St	**2.375,00**	2.111,00 2.724,00
		03	Lagerräume, ca. 20 m² Nutzfläche	000	St	**3.125,00**	2.792,00 3.609,00
	23		**Baubüros herrichten und vorhalten, mit ausreichender Ausstattung, Telefonanschluss, Beheizungsmöglichkeit**				
		01	Baubüros, ca. 10 m² Nutzfläche	000	St	**3.275,00**	2.587,00 3.609,00
		02	Baubüros, ca. 15 m² Nutzfläche	000	St	**4.725,00**	3.677,00 5.380,00
		03	Baubüros, ca. 20 m² Nutzfläche	000	St	**5.800,00**	4.426,00 6.469,00
	24		**Provisorische Versorgung der Baustelle mit Energie und sanitären Einrichtungen**				
		01	Baustromanschluss	000	St	**1.025,00**	953,00 1.089,00
		02	Wasserentnahmestelle	000	St	**790,00**	749,00 817,00
		11	WC-Anlage	000	St	**680,00**	612,00 749,00

Preisstand III/2017 Index 117,2 (2010 = 100) inkl. MWSt: 19 %

DIN	AK	AA	Bauteiltext	LB	Einheit	Mittelpreis EUR	Preisspanne EUR
391	**31**		**Baukräne und Container gestellen, einschl. notwendiger Vorrichtungen und Anlagen auf der Baustelle und sämtlicher Gebühren**				
		01	Baukräne, klein, als Standkran	*000*	St	**2.050,00**	1.974,00 2.111,00
		02	Baukräne, groß, als Standkran	*000*	St	**3.700,00**	3.643,00 3.779,00
		11	Baukräne, klein, mit Laufschiene	*000*	St	**2.850,00**	2.783,00 2.919,00
		12	Baukräne, groß, mit Laufschiene	*000*	St	**6.950,00**	6.810,00 7.082,00
		32	Container ca. 8 m³, mit Abfuhr	*000*	St	**580,00**	442,00 681,00
		33	Container ca. 15 m³, mit Abfuhr	*000*	St	**1.025,00**	885,00 1.225,00
	32		**Sonstige Baumaschinen gestellen, Berechnung im Stundenaufwand für die Maschine**				
		01	Schwerlast-Autokran	*000*	Std	**204,00**	197,00 211,00
		02	Betonpumpe	*000*	Std	**136,00**	132,00 146,00
		03	Lastkraftwagen	*000*	Std	**75,00**	71,00 78,00
	51		**Baustelleneinrichtung pauschal je Stück Hauseinheit, wenn keine Einrechnung in die Einheitspreise erfolgt, in Abhängigkeit von der Seriengröße*)**				
		01	Baustelleneinrichtung, pauschal, Projektgröße: 4 Häuser	*000*	St	**5.850,00**	5.141,00 6.197,00
		02	Baustelleneinrichtung, pauschal, Projektgröße: 8 Häuser	*000*	St	**4.675,00**	4.222,00 6.878,00
		03	Baustelleneinrichtung, pauschal, Projektgröße: 12 Häuser	*000*	St	**3.850,00**	3.711,00 5.073,00
		04	Baustelleneinrichtung, pauschal, Projektgröße: 16 Häuser	*000*	St	**3.050,00**	2.860,00 4.290,00
		05	Baustelleneinrichtung, pauschal, Projektgröße: 20 Häuser	*000*	St	**2.175,00**	1.906,00 3.405,00

**) In diesem Fall sind die Einheitspreise anteilig prozentual um den Betrag der Baustelleneinrichtung zu kürzen*

Preisstand III/2017 Index 117,2 (2010 = 100) inkl. MWSt: 19 %

Hinweise für kostensparende Lösungen

- Mehrere Fallstränge vermeiden durch Anordnung von Bad, WC, Küche und sonstigen Anschlüssen an nur einem Strang.
- Schallschutzanforderungen an Fallstränge können preiswerter erfüllt werden, wenn die Schachtführung in oder zwischen Nebenräumen verläuft.

  Unter dieser Voraussetzung können kostengünstige Kunststoffrohre verwendet werden und ein Ausstopfen des Schachtquerschnittes mit Dämm-Material erübrigt sich.
- Vorwandinstallation der Leitungsstränge mit anschließender Bekleidung ist preiswerter als in Schlitzen verlegte Rohre.
- Schließen der Installationsschächte mit 6–7 cm Wandbauplatten bringt bei etwa gleichem Preis gegenüber Gipskartonbekleidung besseren Schallschutz.
- Horizontalschlitze bringen oft erhebliche konstruktive Probleme und sollten zugunsten von Leitungsführungen auf oder unter der Decke vermieden werden.
- Vertikalschlitze können zu erheblichen Mehrkosten durch tragwerksplanerische Zusatzmaßnahmen (Verlust aussteifender Wirkung, zusätzliche Pfeiler oder Stützen) führen.
- Bei Unterkellerung können Abwasserleitungen unter der Decke verzogen werden, dadurch entfallen ein Revisionsschacht im Kellerboden sowie aufwendige Leitungsgräben und die Leitungslängen werden verringert.
- Auf Waschmaschinenanschluss und Bodeneinläufe im Keller kann verzichtet werden, um eine Schmutzwasserpumpe zu sparen.
- Wenn ein Pumpensumpf erforderlich wird, so kann er als GKF-Sammelbehälter auf der Kellersohle angeordnet werden.
- Bei Reihenhäusern sollte die Möglichkeit nur eines Kanalanschlusses für zwei oder mehr Hauseinheiten geprüft werden.

Hinweise für die Anwendung des Bauteilkatalogs

- *Für eine durchschnittliche Hauseinheit sind zu Beginn der Kostengruppe „Komplettbauteile Abwasserinstallation" angegeben, die als Mittelwert alle Kostenanteile der Kostengruppe enthalten.*
- *Damit kann die Kostenberechnung im Normalfall zeitsparend und ausreichend zuverlässig erfolgen, ohne dass aufwendige Massenermittlungen erforderlich werden.*
- *Mit den übrigen Bauteilen können besondere Projektbedingungen, alternative Materialien, zusätzliche Leitungslängen oder Sonderbauteile ergänzend zum „Komplettbauteil" erfasst werden.*
- *Ebenso sind damit Optimierungsauswirkungen (z.B. Leitungslängen) kostenmäßig abzuschätzen.*

DIN	AK	AA	Bauteiltext	LB	Einheit	Mittelpreis EUR	Preisspanne EUR
411	01		**Abwasserinstallation komplett für eine Hauseinheit pauschal in Kunststoffrohr, einschl. der Fallleitungen, horizontalen Anschlussstücke und sämtlicher Befestigungen, Pass- und Verbindungsstücke und Bögen, als Vorwandinstallation, ohne Sonderbauteile**				
		01	Abwasserinstallation, Bad mit WC, Küche, an einem Strang	*044*	St	**625,00**	602,00 647,00
		02	Abwasserinstallation, Bad mit WC, Gäste-WC, Küche, ein Strang	*044*	St	**810,00**	773,00 848,00
		11	Abwasserinstallation, Bad mit WC, Küche, an zwei Strängen	*044*	St	**835,00**	796,00 870,00
		12	Abwasserinstallation, Bad mit WC, Gäste-WC, Küche, zwei Stränge	*044*	St	**1.025,00**	937,00 1.086,00
	11		**Abwasserleitungen als Vorwandinstallation mit allen Befestigungsmitteln, Passstücken, Anschlüssen und Verbindungsteilen, Bögen und Formstücken, eingerechnet auf die Leitungslängen**				
		01	Kunststoff-Abwasserrohr, DN 50	*044*	m	**26,00**	24,00 27,00
		02	Kunststoff-Abwasserrohr, DN 70	*044*	m	**34,00**	32,00 35,00
		03	Kunststoff-Abwasserrohr, DN 100	*044*	m	**39,00**	37,00 42,00
		11	Faserzement-Abwasserrohr, DN 70	*044*	m	**49,00**	48,00 51,00
		12	Faserzement-Abwasserrohr, DN 100	*044*	m	**60,00**	56,00 62,00
		21	Guss-Abwasserrohr, DN 70	*044*	m	**55,00**	54,00 57,00
		22	Guss-Abwasserrohr, DN 100	*044*	m	**68,00**	66,00 69,00

Preisstand III/2017 Index 117,2 (2010 = 100) inkl. MWSt: 19 %

DIN	AK	AA	Bauteiltext	LB	Einheit	Mittelpreis EUR	Preisspanne EUR
411	**21**		**Sonderbauteile Abwasserinstallation jeweils einschl. aller notwendigen Nebenarbeiten, komplett**				
		01	Revisionsschacht für Grundleitung	*045*	St	**935,00**	885,00 997,00
		02	Pumpensumpf für Drainage/Schlammf.	*045*	St	**855,00**	818,00 893,00
		03	Pumpensumpf in Beton, Abdeckung	*045*	St	**745,00**	706,00 781,00
		04	GFK-Sammelbehälter mit Pumpe	*045*	St	**1.100,00**	1.026,00 1.131,00
		11	Schmutzwasserpumpe für 1 Hauseinheit	*045*	St	**410,00**	379,00 439,00
		12	Fäkalienhebeanlage für 1 Hauseinheit	*045*	St	**4.850,00**	4.355,00 6.221,00
		21	Keller-Bodeneinlauf, Geruchsverschluss	*044*	St	**52,00**	46,00 57,00
		22	Kellerbodeneinlauf, Rückstausicherung	*044*	St	**380,00**	279,00 405,00
		23	Hofeinlauf als Ferneinlauf DN 100	*044*	St	**122,00**	111,00 133,00
	31		**Sickerschacht Betonfertigteil, inkl. Erdarbeiten, Bodenabfuhr und -austausch und Kiesverfüllung, befahrbare Schachtabdeckung**				
		01	Sickerschacht, Durchmesser 1 m, Tiefe 2 m	*045*	St	**1.200,00**	1.094,00 1.300,00
		02	Sickerschacht, Durchmesser 1 m, Tiefe 3 m	*045*	St	**1.550,00**	1.368,00 1.710,00
		03	Sickerschacht, Durchmesser 1 m, Tiefe 4 m	*045*	St	**2.050,00**	1.915,00 2.189,00
		04	Sickerschacht, Durchmesser 1,5 m, Tiefe 2,5 m	*045*	St	**1.650,00**	1.231,00 2.052,00
		05	Sickerschacht, Durchmesser 1,5 m, Tiefe 3 m	*045*	St	**1.950,00**	1.505,00 2.394,00
		06	Sickerschacht, Durchmesser 1,5 m, Tiefe 4 m	*045*	St	**2.400,00**	2.052,00 2.736,00
		07	Sickerschacht, Durchmesser 2 m, Tiefe 2 m	*045*	St	**1.575,00**	1.368,00 1.778,00
		08	Sickerschacht, Durchmesser 2 m, Tiefe 3 m	*045*	St	**2.725,00**	2.052,00 3.421,00
		09	Sickerschacht, Durchmesser 2 m, Tiefe 4 m	*045*	St	**3.550,00**	3.079,00 4.036,00
		10	Sickerschacht, Durchmesser 2,5 m, Tiefe 4,5 m	*045*	St	**6.150,00**	5.815,00 6.500,00

DIN	AK	AA	Bauteiltext	LB	Einheit	Mittelpreis EUR	Preisspanne EUR
411	**41**		**Zisterne aus Betonfertigteilen inkl. Erdarbeiten, Bodenabfuhr und -austausch, begehbare Schachtabdeckung**				
		01	Zisterne, Durchmesser 1 m, Tiefe 2 m	*005*	St	**1.100,00**	889,00 1.300,00
		02	Zisterne, Durchmesser 1 m, Tiefe 3 m	*005*	St	**1.375,00**	1.231,00 1.573,00
		03	Zisterne, Durchmesser 1,5 m, Tiefe 2 m	*005*	St	**1.375,00**	1.094,00 1.642,00
		04	Zisterne, Durchmesser 1,5 m, Tiefe 3 m	*005*	St	**1.775,00**	1.436,00 1.984,00
		05	Zisterne, Durchmesser 2 m, Tiefe 2 m	*005*	St	**2.250,00**	1.915,00 2.600,00
		06	Zisterne, Durchmesser 2 m, Tiefe 3 m	*005*	St	**2.875,00**	2.531,00 3.215,00
		07	Zisterne, Durchmesser 2,5 m, Tiefe 3 m	*005*	St	**5.150,00**	4.789,00 5.473,00
	51		**Sickermulde muldenförmig inkl. Erdaushub und Oberflächenausbildung in Oberboden-Sandgemisch 30 cm dick, inkl. Steinschüttungen für 3 Einlaufbereiche mit Einsaat**				
		01	Sickermulde, Volumen ca. 4 - 6 cbm	*005*	St	**1.575,00**	1.407,00 1.758,00
		02	Sickermulde, Volumen ca. 8 - 10 cbm	*005*	St	**2.025,00**	1.618,00 2.462,00
	61		**Rigole inkl. Erdaushub und Bodenabfuhr, Verbund PE-Rohr, gelochte Ausführung, Sickerpackung, Kies 0/32 Sieblinie B, Abdeckung mit Vlies, Verfüllung bei nicht oberflächennahen Rigolen, ohne Kontrollschächte**				
		01	Rigolen, B = 0,3 m, T = 0,5 m, DN 100, oberflächennah	*009*	m	**47,00**	41,00 55,00
		02	Rigolen, B = 0,3-0,5 m, T bis 1 m, DN 125, Überdeckung 0,8 m	*009*	m	**77,00**	49,00 105,00
		03	Rigolen, B = 1 m, T = 1 m, DN 150, oberflächennah	*009*	m	**88,00**	56,00 112,00
		04	Rigolen, B = 1 m, T = 1 m, DN 150, Überdeckung 1 m	*009*	m	**124,00**	77,00 161,00
		05	Rigolen, B = 0,8 m, T = 1,5 m, DN 300, oberflächennah	*009*	m	**112,00**	91,00 140,00
		06	Rigolen, B = 1 m, T = 1,5 m, DN 300, Überdeckung 0,8 m	*009*	m	**144,00**	112,00 182,00
		07	Rigolen, B = 1,5 m, T = 1,5 m, DN 250, Überdeckung 0,8 m	*009*	m	**170,00**	133,00 204,00
		08	Rigolen, B = 0,5 m, T = 0,5 m, DN 100, Überdeckung 0,5 m	*009*	m	**39,00**	24,00 52,00

Preisstand III/2017 Index 117,2 (2010 = 100) inkl. MWSt: 19 %

Hinweise für kostensparende Lösungen

- Möglichst kurze Leitungslängen durch kompakt angeordnete Entnahmestellen planen.
- Verzicht auf Einschlitzen von Leitungen zugunsten von einem Schacht und Vorwandinstallation, besonders in Außenwänden ergeben sich sonst erhebliche Kostenanteile durch die geforderten Dämmschichtdicken und entsprechend starke Schlitzquerschnitte.
- Ausstattung der Gäste-WCs mit einem voll nutzbaren Waschbecken ist meist mit geringem Planungsaufwand möglich und bietet eine zusätzliche Waschgelegenheit zum Badezimmer, in diesem Fall sollte eine WW-Installation vorgesehen werden.
- Warmwasseranschluss für das Gäste-WC erscheint oft nicht notwendig und vergrößert die Leitungslängen, wenn es nicht als zusätzlicher Waschplatz konzipiert wird.
- Die Mindestausstattung der Bäder kann aus Wanne, einem Waschtisch und WC sowie Waschmaschinenplatz bestehen. Reservefläche sollte vorhanden sein.
- Die Einrichtungsgegenstände können in einfacher Ausführung unter Umständen unter Verwendung von „Stapelmodellen" vorgesehen werden, ebenso die Armaturen, technische Qualitätsprüfung sollte jedoch erfolgen.

Hinweise für die Anwendung des Bauteilkatalogs

- *Für durchschnittliche Installationseinheiten werden zu Beginn der Kostengruppe „Komplettbauteile Wasserinstallation" angegeben, die als Mittelwert alte Kostenanteile für die vollständige Herstellung der Installationseinheit enthalten.*
- *Damit kann die Kostenberechnung im Normalfall zeitsparend und ausreichend zuverlässig erfolgen, ohne dass aufwendige Massenermittlungen erforderlich werden.*
- *Für die angegebenen Ausstattungsvarianten enthalten die „Komplettbauteile" alle Einrichtungsgegenstände und Armaturen in einer für KFB-Maßnahmen angenommenen, einfachen Ausführung.*
- *Mit den übrigen Bauteilen können zusätzliche Leitungslängen oder Einrichtungsgegenstände, WW-Bereiter oder alternative Qualitäten abgeschätzt und ergänzend berechnet werden.*
- *Ebenso sind damit Optimierungsauswirkungen (z.B. Leitungslängen) kostenmäßig abzuschätzen.*
- *Die Bauteile „Abwasserinstallation" sind zusätzlich zu ermitteln.*

DIN	AK	AA	Bauteiltext	LB	Einheit	Mittelpreis EUR	Preisspanne EUR
412	**01**		**Wasserinstallation komplett für eine Raumeinheit, mit allen Raum-Einrichtungsgegenständen und anteiligen Kalt- und WW-Leitungen, bei dezentraler WW-Bereitung, einschließlich Isolierungen, Einrichtungen und Armaturen in einfacher Ausführung, ohne WW-Bereiter**				
		01	Wasserinstallation, Badezimmer mit Wanne und Waschtisch	*042*	St	**1.250,00**	1.191,00 1.278,00
		02	Wasserinstallation, Badezimmer mit Wanne, Waschtisch, WC	*042*	St	**1.600,00**	1.546,00 1.648,00
		03	Wasserinstallation, Bad mit Wanne, Wascht., WC, WM-Ansch.	*042*	St	**1.700,00**	1.663,00 1.743,00
		11	Wasserinstallation, Gäste-WC mit Handwaschbecken	*042*	St	**580,00**	552,00 624,00
		12	Wasserinstallation, Gäste-WC mit Waschtisch ohne WW	*042*	St	**680,00**	639,00 711,00
		13	Wasserinstallation, Gäste-WC mit Waschtisch mit WW	*042*	St	**765,00**	727,00 795,00
		21	Wasserinstallation, Kücheninst. vorgerichtet, ohne WW	*042*	St	**58,00**	53,00 61,00
		22	Wasserinstallation, Kücheninst. vorgerichtet, mit WW	*042*	St	**73,00**	68,00 76,00
		23	Wasserinstallation, Kücheninst. mit Spüle, ohne WW	*042*	St	**350,00**	332,00 365,00
		24	Wasserinstallation, Kücheninst. mit Spüle, mit WW	*042*	St	**400,00**	384,00 409,00
		31	Wasserinstallation, Hausanschluss, Absperrung, Schutzfilter	*042*	St	**430,00**	404,00 437,00

Preisstand III/2017 Index 117,2 (2010 = 100) inkl. MWSt: 19 %

DIN	AK	AA	Bauteiltext	LB	Einheit	Mittelpreis EUR	Preisspanne EUR
412	**11**		**Warmwasserbereiter mit allen Zubehörteilen und Abschlüssen in fertiger Installation als separate Geräte (Combi-Geräte siehe: Heizung)**				
		01	Gasboiler für zentrale Warmwasserbereitung 130 Liter	*042*	St	**1.000,00**	963,00 1.024,00
		11	Elektro-Durchlauferhitzer 18 KW	*042*	St	**390,00**	374,00 405,00
		12	Elektro-Durchlauferhitzer 21 KW	*042*	St	**405,00**	389,00 420,00
		13	Elektro-Durchlauferhitzer 24 KW	*042*	St	**430,00**	412,00 443,00
		21	Elektro-Warmwasser-Speichergeräte 80 Liter	*042*	St	**1.150,00**	1.070,00 1.223,00
		22	Elektro-Warmwasser-Speichergeräte 100 Liter	*042*	St	**1.500,00**	1.437,00 1.544,00
		23	Elektro-Warmwasser-Speichergeräte 150 Liter	*042*	St	**1.675,00**	1.590,00 1.773,00
		31	Elektro-Warmwasser-Kleinspeicher 10 Liter	*042*	St	**465,00**	428,00 504,00
		32	Elektro-Warmwasser-Kleinspeicher 15 Liter	*042*	St	**825,00**	787,00 864,00
		41	Elektro-Kochendwassergerät 5 Liter	*042*	St	**315,00**	298,00 336,00
		51	Kollektoranlage auf dem Dach mit 400 Liter Warmwasserspeicher, mit Zuleitungen und doppeltem Wärmetauscher (Kollektorfläche ca. 5 m^2)	*042*	St	**6.250,00**	5.984,00 6.724,00
	12		**Wasserleitungen für Kalt- und Warmwasser in der erforderlichen Wandstärke, Formstücke und Rohrverschnitt eingerechnet, einschl. anteilig eingerechneter Absperrventile, Entleerungshähne, Rohr Be- und Entlüfter, Zapfventile, Anschlüsse und Verteiler, in mittlerem Querschnitt**				
		01	Kupfer-Wasserrohr, schwitzwasserisoliert	*042*	m	**31,00**	28,00 33,00
		02	Kupfer-Wasserrohr, 1/2-d, wärmeisoliert	*042*	m	**34,00**	32,00 35,00
		03	Kupfer-Wasserrohr, 1/1-d, wärmeisoliert	*042*	m	**40,00**	36,00 41,00
		11	Verz. Stahl-Wasserrohr, schwitzwasserisoliert	*042*	m	**34,00**	31,00 35,00
		12	Verz. Stahl-Wasserrohr, 1/2-d, wärmeisoliert	*042*	m	**37,00**	34,00 38,00
		13	Verz. Stahl-Wasserrohr, 1/1-d, wärmeisoliert	*042*	m	**43,00**	40,00 46,00

Preisstand III/2017 Index 117,2 (2010 = 100) inkl. MWSt: 19 %

DIN	AK	AA	Bauteiltext	LB	Einheit	Mittelpreis EUR	Preisspanne EUR
412	**01**		**Sanitärausstattung, Armaturen für Rauminstallation, komplett montiert, einschl. aller Zubehörteile und Befestigungsmittel sowie der zugehörigen Armaturen**				
		01	Handwaschbecken, Kaltwasseranschluss	*042*	St	**228,00**	214,00 244,00
		02	Handwaschbecken, Kalt-/WW-Anschluss	*042*	St	**270,00**	256,00 279,00
		03	Waschtische, Stapelware, 2-Griffarmaturen	*042*	St	**360,00**	344,00 374,00
		04	Waschtische, gehobene Ausführung	*042*	St	**575,00**	550,00 596,00
		11	Edelstahlspüle, Kaltwasseranschluss	*042*	St	**335,00**	313,00 367,00
		12	Edelstahlspüle, Kalt-/WW-Anschluss	*042*	St	**375,00**	355,00 386,00
		21	Stand-WC, Standardausführung	*042*	St	**285,00**	267,00 294,00
		22	Stand-WC, gehobene Ausführung	*042*	St	**460,00**	443,00 474,00
		31	Liegewanne, Standardausführung	*042*	St	**465,00**	451,00 481,00
		32	Liegewanne, gehobene Ausführung	*042*	St	**560,00**	542,00 573,00
		33	Duschwanne, Standardausführung	*042*	St	**395,00**	382,00 412,00
		34	Duschwanne, gehobene Ausführung	*042*	St	**475,00**	451,00 519,00
		41	Dusch-Abtrennung als Spritzschutz	*042*	St	**725,00**	703,00 757,00
		42	Zubehör Badausstattung, einfach	*042*	St	**91,00**	68,00 114,00
		43	Zubehör Badausstattung, gehoben	*042*	St	**290,00**	175,00 405,00
		44	Waschmaschinenanschluss	*042*	St	**61,00**	53,00 68,00

Preisstand III/2017 Index 117,2 (2010 = 100) inkl. MWSt: 19 %

Hinweise für kostensparende Lösungen

- Blockheizsysteme und Fernwärmeheizung stellen ab einer bestimmten Projektgröße (20–25 WE) eine wirtschaftliche Alternative zur Einzel-Hausbeheizung dar, die Abrechnungsproblematik sollte aber beachtet werden.

  Es empfiehlt sich jeweils eine detaillierte Kostenberechnung unter Einbeziehung der Anschlusskosten und der Versorgungstarife.
- Im Regelfall sollte die Therme im Dachgeschoss angeordnet werden und das Abgasrohr über Dach geführt werden.

  Bei größerer Leistung als 11 kW ist bei der Anordnung im Bereich der Außenwand zwingend Rücksprache mit der Bauaufsicht und dem zuständigen Schornsteinfeger zu nehmen.

  Ansonsten können sogenannte Außenwandthermen (Thermen mit geschlossener Verbrennungskammer), unabhängig vom Raumluftverbund, in kleinsten Nebenräumen angeordnet werden, wenn das bereits erwähnte ordnungsgemäße Abführen der Abgase gewährleistet ist.
- Gas-Heizgeräte können bei größeren Projekten auch über einen zentral installierten Flüssiggastank betrieben werden, wenn kein Gasanschluss möglich ist.
- Die Anordnung von Heizflächen direkt an nur einem vertikalen Heizstrang im Mittelbereich des Hauses erscheint bei isolierverglasten Fenstern vertretbar und spart erhebliche Heizleitungslängen.
- Bei der Wahl der Heizflächen sind erhebliche Preisabstufungen möglich bis zu einfachen Flächenheizkörpern.
- Eine witterungsgeführte Regelung der Vorlauftemperatur ist aufwendiger als eine raumbezogene Regelung.
- Die Anordnung eines Combi-Wärmeerzeugers mit Warmwasserbereitung und Kaminanschluss in zentraler Anordnung im Hausinnenbereich ermöglicht kürzeste Leitungsführungen.
- Die Kombination: Heizung über Gastherme und Warmwasserbereitung über Elektro-Durchlauferhitzer ist in den Herstellungskosten günstiger als eine Combi-Therme und ermöglicht eine weitere Optimierung der Leitungslängen.
- Bei Anordnung des Heiz-Wärmeerzeugers im Keller sollte die Warmwasserbereitung separat dezentral erfolgen, um Leitungslängen und Wärmeverluste zu vermeiden.
- Heizleitungen sollten prinzipiell nicht in Außenwänden angeordnet werden, da dadurch erhebliche Zusatzmaßnahmen für Wärmeschutz und Tragwerksplanung erforderlich werden können.
- Betonkerntemperierung (BKT) ist aus Sicht der Betriebskosten ein sehr wirtschaftliches Heizprinzip. Es kann aus Gründen der Heizkostenverteilung jedoch nicht im Mehrfamilienhaus eingesetzt werden, wenn es sich um gestapelte Wohnungen handelt.

Hinweise für die Anwendung des Bauteilkataloges

- *Nicht enthalten sind in den Kostenwerten die erforderlichen Hausanschlusskosten, die an anderer Stelle ausgewiesen werden, ebenso müssen Sonderbauteile wie Kamine separat berechnet werden.*
- *Mit den übrigen Bauteilen können zusätzliche Leitungslängen (z.B. Dachgeschossausbau zu einem späteren Zeitpunkt), Heizflächen oder alternative Wärmeerzeuger ergänzend berechnet werden.*
- *Ebenso sind damit Optimierungsauswirkungen (z.B. Heizleitungslängen) kostenmäßig abzuschätzen.*

DIN	AK	AA	Bauteiltext	LB	Einheit	Mittelpreis EUR	Preisspanne EUR
421	**01**		**Wärmeerzeuger jeweils für eine Hauseinheit, mit allen Zubehörteilen, Regeleinrichtungen raumabhängig, mit allen Befestigungsteilen und Anschlüssen**				
		01	Gasheiztherme, Kaminanschluss	*040*	St	**2.750,00**	2.633,00 2.777,00
		02	Gasheizkessel, Kaminanschluss	*040*	St	**2.775,00**	2.633,00 2.922,00
		03	Gasaußenwandtherme ohne Kaminanschluss	*040*	St	**3.325,00**	3.174,00 3.463,00
		11	Gas-Combitherme/WW, Kaminanschluss	*040*	St	**3.600,00**	3.463,00 3.751,00
		12	Gas-Combikessel/WW, Kaminanschluss	*040*	St	**3.600,00**	3.569,00 3.896,00
		13	Gas-Combi-Außenwandtherme mit WW	*040*	St	**4.175,00**	4.040,00 4.328,00
		21	Ölheizkessel mit Brenner	*040*	St	**3.025,00**	2.922,00 3.138,00
		22	Öl-Combikessel mit Brenner	*040*	St	**4.825,00**	4.653,00 4.942,00
		31	Fernwärme-Direkteinspeisungsstation	*040*	St	**2.225,00**	2.200,00 2.344,00
		32	Fernwärme-Übergabestation/Wärmetauscher	*040*	St	**4.000,00**	3.860,00 4.148,00
		41	Pelletheizungskessel, 7 kW, mit 5 m^3 Pelletspeicher, ohne Warmwasserspeicher, Kaminanschluss	*040*	St	**8.850,00**	8.558,00 9.903,00
		42	Pelletheizungskessel, 7 kW, mit 5 m^3 Pelletspeicher, mit 300 Liter Warmwasserspeicher, Kaminanschluss	*040*	St	**10.600,00**	10.148,00 11.309,00

420

Preisstand III/2017 Index 117,2 (2010 = 100) inkl. MWSt: 19 %

DIN	AK	AA	Bauteiltext	LB	Einheit	Mittelpreis EUR	Preisspanne EUR
422	**01**		**Heizleitungen in der erforderlichen Wandstärke, in mittlerem Querschnitt, Formstücke und Rohrverschnitt eingerechnet, einschl. aller Anschlüsse Fülleinrichtungen**				
		01	Stahl-Heizleitungen, sichtbar verlegt	*040*	m	**20,50**	17,00 23,00
		03	Stahl-Heizleitungen mit 1/1-d Dämmung	*040*	m	**37,00**	35,00 41,00
		11	Kupfer-Heizleitungen, sichtbar verlegt	*040*	m	**21,50**	19,00 22,00
		13	Kupfer-Heizleitungen mit 1/1-d Dämmung	*040*	m	**41,00**	37,00 42,00

Preisstand III/2017 Index 117,2 (2010 = 100) inkl. MWSt: 19 %

DIN	AK	AA	Bauteiltext	*LB*	Einheit	Mittelpreis EUR	Preisspanne EUR
423	**01**		**Heizflächen in fertiger Montage (2mal) mit allen Zubehörteilen und Befestigungen, Thermostatventilen je Heizkörper, Tiefe der Heizkörper ca. 10 cm**				
		01	Flächenheizkörper, ca. 90 x 50 cm	*040*	St	**250,00**	232,00 261,00
		02	Flächenheizkörper, ca. 60 x 120 cm	*040*	St	**355,00**	333,00 362,00
		03	Flächenheizkörper, ca. 60 x 150 cm	*040*	St	**575,00**	552,00 603,00

Preisstand III/2017 Index 117,2 (2010 = 100) inkl. MWSt: 19 %

DIN	AK	AA	Bauteiltext	LB	Einheit	Mittelpreis EUR	Preisspanne EUR
429	01		**Heizungsanlagen komplett bezogen auf m² Wohnfläche*), einschl. der Wärmeerzeuger, Heizleitungen, Isolierungen, der Heizflächen, einer geführten Vorlauftemperaturregelung und Thermostatventilen sowie aller erforderl. Nebenleistungen, jeweils für eine Hauseinheit, ohne Sonderbauteile, Preis ohne Hausanschluss**				
		01	Gasheizung mit Kaminanschluss	*040*	Wfl	**88,00**	80,00 94,00
		02	Gasheizung mit Kaminanschluss mit WW	*040*	Wfl	**100,00**	90,00 104,00
		03	Gasheizung als Außenwandgerät	*040*	Wfl	**92,00**	84,00 98,00
		04	Gas-Combiheizung, WW, Kaminanschluss	*040*	Wfl	**100,00**	92,00 106,00
		05	Gas-Combiheizung, WW, Außenwandgerät	*040*	Wfl	**106,00**	98,00 114,00
		11	Ölheizung mit 3000-l-Tank	*040*	Wfl	**118,00**	100,00 128,00
		12	Ölheizung mit WW, 3000-l-Tank	*040*	Wfl	**132,00**	115,00 143,00
		21	Fernwärme mit Übergabestation	*040*	Wfl	**158,00**	143,00 171,00
		22	Fernwärme mit WW, Übergabestation	*040*	Wfl	**178,00**	140,00 210,00
		31	Pelletheizkessel 7 kW mit 5 m³ Pelletspeicher, ohne WW-Speicher, Kaminanschluss	*040*	Wfl	**140,00**	132,00 155,00
		32	Pelletheizkessel 7 kW mit 5 m³ Pelletspeicher, mit 300 Liter WW-Speicher, Kaminanschluss	*040*	Wfl	**156,00**	146,00 174,00

**) 90 m² Wfl: +10 % / 120 m² Wfl: -10 % / 150 m² Wfl: -20 %*

DIN	AK	AA	Bauteiltext	LB	Einheit	Mittelpreis EUR	Preisspanne EUR
429	**11**		**Sonderbauteile Heizung als Voraussetzung für den Betrieb bestimmter Heizsysteme, jeweils komplett einschl. aller erforderl. Zubehörteile und Nebenleistungen**				
		01	Schornstein, Betonformteile, H = ca. 6 m	*012*	St	**1.025,00**	930,00 1.145,00
		02	Schornstein, Betonformteile, H = ca. 9 m	*012*	St	**1.500,00**	1.431,00 1.574,00
		03	Schornstein, Betonformteile, H = ca. 12 m	*012*	St	**2.000,00**	1.897,00 2.183,00
		04	Schornstein, Betonformteile, H = ca. 15 m	*012*	St	**2.425,00**	2.362,00 2.505,00
		11	Öl-Kellertank aus GKF, 4500 Liter	*040*	St	**4.050,00**	3.830,00 4.259,00
		12	Öl-Erdtank, 4500 Liter	*040*	St	**6.050,00**	5.583,00 6.443,00
		21	Gas-Außentank, oberirdisch, 5000 Liter	*040*	St	**4.225,00**	4.009,00 4.510,00
		22	Gas-Erdtank, 5000 Liter, mit Erdarbeiten	*040*	St	**6.850,00**	6.443,00 7.158,00
		31	Keller-Abgasschacht für Außengerät	*012*	St	**1.150,00**	930,00 1.360,00

Preisstand III/2017 Index 117,2 (2010 = 100) inkl. MWSt: 19 %

Hinweise für kostensparende Lösungen

- Die kostengünstige Schwerkraftentlüftung in Form der Berliner Lüftung besitzt Mängel in der Funktion.
- Bei mehreren zu entlüftenden Räumen bietet sich als günstiges System die mechanische Entlüftung über nur ein gemeinsames Sammel-Entlüftungsrohr an.
- Bis zu sechs zu entlüftende Räume sind an ein Sammelrohr D = 10 cm über Ventilatoren anzuschließen, die über Relais geschaltet werden können.

DIN	AK	AA	Bauteiltext	LB	Einheit	Mittelpreis EUR	Preisspanne EUR
431	01		**Entlüftungsleitungen für die Entlüftung innenliegender Räume, einschl. aller Befestigungen und Verbindungs- und Anschlussstücke**				
		01	Kunststoff-Entlüftungsleitungen, Q = ca. 150 cm^2	*075*	m	**75,00**	67,00 82,00
		02	Faserzement-Entlüftungsleitungen, Q = ca. 150 cm^2	*075*	m	**87,00**	78,00 92,00
		03	Beton-/Leichtbeton-Formsteine, Q = ca. 150 cm^2	*075*	m	**43,00**	38,00 46,00
		11	flexible Metall-Entlüftungsleitungen, Q = ca.150 cm^2	*075*	m	**53,00**	50,00 63,00
	02		**Mechanische Entlüfter für die Entlüftung von Räumen als Ventilatoren mit elektrischer Schaltung und Regelung, einschl. aller Zubehörteile, Abdeckungen sowie Anschlüsse und Vorrichtungen**				
		01	Badentlüfter in Auf-Putz-Bauweise	*075*	St	**325,00**	301,00 346,00
		02	Badentlüfter, verdeckter Einbau	*075*	St	**360,00**	324,00 399,00
		11	Außenwand-Schnellentlüfter	*075*	St	**250,00**	226,00 271,00
	03		**Hygieneorientierte geregelte Speziallüftung inkl. aller Anschlüsse und Befestigungsmaterialien, inkl. Schalldämpfer und Dachhaube, ohne Wärmerückgewinnung**				
		01	Lüftungsanlage für Einfamilienhaus	*075*	St	**805,00**	751,00 966,00
		02	Lüftungsanlage für 6-Familienhaus	*075*	St	**3.500,00**	3.152,00 3.653,00
		03	Feuchtegeregeltes Abluftelement	*075*	St	**360,00**	336,00 386,00
		04	Fensterzuluftelement	*075*	St	**150,00**	137,00 156,00
		05	Wandzuluftelement	*075*	St	**154,00**	142,00 165,00
		06	Wickelfalzrundrohr	*075*	St	**26,00**	23,00 28,00
		07	Wickelfalzrundrohr Abzweigstücke	*075*	St	**29,00**	27,00 30,00

Preisstand III/2017 Index 117,2 (2010 = 100) inkl. MWSt: 19 %

DIN	AK	AA	Bauteiltext	LB	Einheit	Mittelpreis EUR	Preisspanne EUR
431	**04**		**Geregelte Be- und Entlüftung mit Wärmerückgewinnung inkl. aller Anschlüsse und Befestigungsmaterialien, inkl. Schalldämpfer und Dachhaube**				
		01	Lüftungsanlage für Einfamilienhaus mit 6 Zimmern, komplett	*075*	St	**8.150,00**	7.545,00 9.006,00
		02	Lüftungsanlage für 6-Familienhaus (6 Einzelgeräte)	*075*	St	**38.350,00**	35.294,00 41.987,00

Preisstand III/2017 Index 117,2 (2010 = 100) inkl. MWSt: 19 %

Hinweise für kostensparende Lösungen

- Beschränkung der Zahl der Strom- und Sicherungskreise auf das notwendige Maß, keine Überinstallation, jedoch Nachrüstbarkeit beachten.
- Verzicht auf aufwendige Kreuz- und Serienschaltungen und Optimierung der Lage der Schalter.
- Beschränkung der Zahl der Steckdosen und Brennstellen auf ein Mindestmaß.
- Anordnung von Steckdosen und Brennstellen nur auf zwei, maximal drei Raumseiten, zur Vermeidung unnötig langer Leitungsführungen.
- Planung von Brennstellen, Dosen und Schaltern auf solchen Wänden, auf denen beidseitig installiert wird.
- Anordnung der Installationszone 30 cm über Fußbodenniveau und nicht unter der Decke zur Reduzierung von vertikalen Leitungslängen.
- Verzicht auf Deckenbrennstellen zugunsten von Wandbrennstellen, unter Umständen Anordnung schaltbarer Steckdosen unter der Decke auf der Wand.
- Anordnen von Aussparungen in Betonteilen ist oft preisgünstiger als Leerrohrinstallation oder Schlitzen.

Hinweise für die Anwendung des Bauteilkataloges

- *Für durchschnittliche Hauseinheiten werden zu Beginn der Kostengruppe „Komplettbauteile Starkstrominstallation" angegeben, die als Mittelwert alte Kostenanteile für die vollständige Herstellung der Installationseinheit enthalten.*
- *Damit kann die Kostenberechnung im Normalfall zeitsparend und ausreichend zuverlässig erfolgen, ohne dass aufwendige Massenermittlungen erforderlich werden.*
- *Mit den übrigen Bauteilen können zusätzliche Leitungslängen, alternative oder ergänzende Ausstattungen sowie Fernmeldeeinrichtungen berechnet werden.*
- *Ebenso sind die Auswirkungen von Optimierungsüberlegungen (z. B. Verkürzung von Leitungslängen, geringere Anzahl von Dosen und Schaltern) damit abzuschätzen.*

DIN	AK	AA	Bauteiltext	LB	Einheit	Mittelpreis EUR	Preisspanne EUR
441	**01**		**Elektro-Ausstattung als Unter-Putz-Ausführung, einschl. aller Zubehörteile, Abdeckplatten, in Einzel- oder Combiausführung**				
		01	Steckdosen, einfach	*052*	St	**11,00**	9,00 12,00
		02	Steckdosen, gehoben	*052*	St	**14,50**	13,00 16,00
		11	Ausschalter, Wippe, einfach	*052*	St	**13,00**	11,00 16,00
		12	Ausschalter, Wippe, gehoben	*052*	St	**18,00**	15,00 19,00
		21	Wechselschalter, Wippe, einfach	*052*	St	**13,00**	11,00 16,00
		22	Wechselschalter, Wippe, gehoben	*052*	St	**22,50**	19,00 23,00
		31	Serienschalter, Wippe, einfach	*052*	St	**13,00**	11,00 16,00
		32	Serienschalter, Wippe, gehoben	*052*	St	**21,00**	17,00 22,00
		41	Kreuzschalter, Wippe, einfach	*052*	St	**18,00**	14,00 20,00
		42	Kreuzschalter, Wippe, gehoben	*052*	St	**24,00**	17,00 25,00
		51	Steckdosen, wassergeschützt	*052*	St	**22,50**	19,00 23,00
		52	Herdanschlussdosen, wassergeschützt	*052*	St	**34,00**	32,00 37,00
	11		**Starkstromleitungen für die Wohnungsinstallation in dreiadriger Ausführung, einschl. aller Verbindungsteile und Abzweigteile und Anschlussdosen**				
		01	Mantelleitung NYM	*052*	m	**4,25**	2,00 5,00
		02	Stegleitungen NYIF	*052*	m	**4,25**	2,00 5,00

440

Preisstand III/2017 Index 117,2 (2010 = 100) inkl. MWSt: 19 %

DIN	AK	AA	Bauteiltext	LB	Einheit	Mittelpreis EUR	Preisspanne EUR
441	21		**Elektroinstallation komplett für eine Hauseinheit mit ca. 100 m² Wohnfläche*), einschließlich der Anschlüsse, Verteilungen, Zählerplätze und Sicherungen sowie aller Leitungen, Dosen, Schalter und Brennstellen, ohne Fernmeldetechnik**				
		01	Elektroinstallation, Mindestausstattung	*052*	Wfl	**38,00**	34,00 40,00
		02	Elektroinstallation, Mittlere Ausstattung	*052*	Wfl	**48,00**	43,00 53,00
		03	Elektroinstallation, Gehobene Ausstattung	*052*	Wfl	**63,00**	57,00 69,00
			**) 90 m² Wfl: +10%/120 m² Wfl: -10%*				
	31		**Zählerplatz, Verteilungen in vollständiger Installation mit allen Zubehörteilen, Anschlüssen und Befestigungsmitteln, für eine Hauseinheit**				
		01	Hausanschluss-Sicherheitskasten	*052*	St	**162,00**	141,00 185,00
		11	Zähler-/Verteilerschrank, einfach	*052*	St	**705,00**	630,00 780,00
		12	Zähler-/Verteilerschrank, gehoben	*052*	St	**915,00**	840,00 989,00
		21	Zähler-/Verteilerschrank, einschl. Nachtstrom	*052*	St	**1.625,00**	1.552,00 1.702,00

DIN	AK	AA	Bauteiltext	LB	Einheit	Mittelpreis EUR	Preisspanne EUR
445	**01**		**Wohnungsbeleuchtung, bestehend aus Einzellampen, Leuchten und Röhrenlampen, inkl. Anschlüsse**				
		01	Leuchten, einfache Ausführung	*058*	St	**74,00**	70,00 78,00
		02	Leuchten, gehobene Ausführung	*058*	St	**148,00**	130,00 185,00
		03	Beleuchtung, Allgemeinbereiche	*058*	St	**104,00**	85,00 141,00
	11		**Gewerbliche Beleuchtung, bestehend aus Einzellampen, Leuchten und Lichtbändern, inkl. Anschlüsse**				
		01	Gewerbliche Leuchten, einfache Ausführung	*058*	St	**96,00**	78,00 115,00
		02	Gewerbliche Leuchten, gehobene Ausführung	*058*	St	**255,00**	215,00 290,00
	21		**Außenanlagenbeleuchtung, inkl. notwendiger Vorarbeiten und Elektroanschlüsse mit Zuleitungen**				
		01	Außenwandleuchte, einfache Ausführung	*058*	St	**96,00**	78,00 115,00
		02	Außenwandleuchte, gehobene Ausführung	*058*	St	**255,00**	215,00 290,00
		03	Außenstehleuchte, einfache Ausführung	*058*	St	**148,00**	130,00 185,00
		04	Außenstehleuchte, gehobene Ausführung	*058*	St	**300,00**	260,00 371,00

DIN	AK	AA	Bauteiltext	*LB*	Einheit	Mittelpreis EUR	Preisspanne EUR
459	**01**		**Fernmeldetechnik als Schwachstrominstallation mit allen Befestigungsmitteln, Anschlüssen und zugehörigen Leitungen sowie erforderlichen Zubehörteilen**				
		01	Antennensteckdosen Rundfunk/TV	*65*	St	**172,00**	160,00 180,00
		02	Telefon-Anschlussdosen	*61*	St	**200,00**	180,00 220,00
		11	Dachantennen Rundfunk/TV	*65*	St	**915,00**	839,00 974,00
		12	Breitbandkabel-Übergabestation	*65*	St	**385,00**	352,00 406,00
		21	Klingelanlage	*53*	St	**134,00**	116,00 143,00
		22	Gegensprechanlage, 2 Abnahmestellen	*53*	St	**460,00**	428,00 481,00

Preisstand III/2017 Index 117,2 (2010 = 100) inkl. MWSt: 19 %

DIN	AK	AA	Bauteiltext	LB	Einheit	Mittelpreis EUR	Preisspanne EUR
510	**02**		**Bodenbearbeitung einschl. notwendiger Vorarbeiten, Abfuhr des überschüssigen Bodens, planieren der Oberfläche**				
		01	Bodenaushub, ca. 20 cm, lagern	*003*	m²	**2,25**	1,00 3,00
		02	Bodenaushub, ca. 20 cm, abfahren	*003*	m²	**3,25**	2,00 4,00
		11	Mutterbodenabtrag, ca. 20 cm, lagern	*003*	m²	**2,00**	1,00 3,00
		12	Mutterbodenabtrag, ca. 20 cm, abfahren	*003*	m²	**4,25**	3,00 6,00
		21	Mutterbodenauftrag, ca. 20 cm (ohne Lieferung)	*003*	m²	**2,75**	1,00 4,00
		31	Niedrigen Bewuchs roden, umgraben	*003*	m²	**3,25**	2,00 4,00
	04		**Pflanzarbeiten einschl. notwendiger Vorarbeiten und Lieferungen**				
		01	Bepflanzung einfache Ausführung	*003*	m²	**20,50**	18,00 23,00
		02	Bepflanzung gehobene Ausführung	*003*	m²	**33,00**	32,00 36,00
	05		**Rasenarbeiten einschl. notwendiger Vorarbeiten und Lieferungen, für einfache Grünflächen und Wohngärten**				
		01	Rasen einsäen und erster Schnitt	*003*	m²	**4,75**	4,00 6,00
		02	neuer Rasen aus Sodenplatten	*003*	m²	**12,00**	11,00 14,00

510

DIN	AK	AA	Bauteiltext	*LB*	Einheit	Mittelpreis EUR	Preisspanne EUR
520	**01**		**Wege, Straßen einschl. notwendiger Vorarbeiten, Oberbeläge und Randanschlüsse**				
		01	Plattenbelag, nicht befahrbar	*080*	m²	**43,00**	39,00 43,00
		02	Plattenbelag, befahrbar	*080*	m²	**64,00**	61,00 67,00
	02		**Plätze, Höfe, Stellplätze**				
		01	Betonverbundsteinpflaster	*080*	m²	**66,00**	63,00 69,00
		02	Rasengittersteine, befahrbar	*080*	m²	**61,00**	56,00 62,00
		03	Ziegelpflaster, befahrbar	*080*	m²	**86,00**	81,00 88,00
		04	Asphaltbelag, befahrbar	*080*	m²	**52,00**	47,00 54,00
	09		**Befestigte Flächen, sonstige Außentreppen-Stufen Breite ca. 1 m, Stufen mit Unterbau oder Laufplatte, einschl. notwendiger Vorarbeiten**				
		01	Fertig-Betonstufen auf Erdreich	*080*	St	**100,00**	90,00 103,00
		02	Stahlbeton-Treppenstufen, Ortbeton	*080*	St	**90,00**	81,00 94,00
		03	Ziegelrollschicht auf Betonplatte	*080*	St	**79,00**	66,00 90,00

Preisstand III/2017 Index 117,2 (2010 = 100) inkl. MWSt: 19 %

DIN	AK	AA	Bauteiltext	LB	Einheit	Mittelpreis EUR	Preisspanne EUR
530	**01**		**Einfriedungen einschl. notwendiger Vorarbeiten, Fundamentierung, Pfosten, Befestigungen und Oberflächenbehandlung**				
		01	Maschendrahtzäune, H = ca. 1 m	*003*	m	**30,00**	25,00 35,00
		02	Maschendrahtzäune, H = 1,5-2,0 m	*003*	m	**38,00**	34,00 40,00
		11	Holzzäune, H = ca. 1 m	*003*	m	**30,00**	27,00 32,00
		12	Holzzäune, H = 1,5-2,0 m	*003*	m	**61,00**	57,00 63,00
		21	Holzflechtwerk, H = ca. 2 m	*003*	m	**93,00**	88,00 100,00
		22	Holzpalisadenwand, H = ca. 2 m	*003*	m	**166,00**	144,00 182,00
	03		**Mauern, Wände für Geländeabböschungen mit allen erforderlichen Erdarbeiten, bis 1,5 m Höhe**				
		01	Beton-Wandscheiben, außen, D = 15 cm	*013*	m²	**242,00**	226,00 252,00
		02	Beton-Wandscheiben, außen, D = 20 cm	*013*	m²	**265,00**	252,00 277,00
		11	KS-Mauern, außen, D = 24 cm	*012*	m²	**242,00**	226,00 252,00
		12	Ziegelmauern, außen, D = 24 cm	*012*	m²	**260,00**	245,00 270,00
		21	Beton-Pflanzsteine	*003*	m²	**305,00**	290,00 315,00
		31	Holzpalisaden, imprägniert	*003*	m²	**192,00**	179,00 198,00

530

DIN	AK	AA	Bauteiltext	LB	Einheit	Mittelpreis EUR	Preisspanne EUR
550	**01**		**Allgemeine Einbauten einschl. notwendiger Vorarbeiten, Aufstellen und Einbauen**				
		01	Mülltonnenbehälter für 1 WE	*919*	St	**360,00**	335,00 396,00
		02	Mülltonnenbehälter für 2 WE	*919*	St	**595,00**	540,00 650,00
		03	Mülltonnenbehälter für 6 WE	*919*	St	**1.825,00**	1.505,00 1.984,00
		11	Teppichklopfstangen	*003*	St	**255,00**	218,00 287,00
		12	Wäschetrockenvorrichtungen	*003*	St	**405,00**	362,00 437,00
		13	Fahrradständer für 4 Räder	*003*	St	**285,00**	260,00 314,00
	02		**Besondere Einbauten**				
		01	Rankgerüste, L = ca. 2 m	*003*	St	**136,00**	102,00 171,00
		02	Carports, vierseitig offen	*919*	St	**2.875,00**	1.710,00 4.105,00
		03	Carports, zweiseitig geschlossen	*919*	St	**3.625,00**	3.070,00 4.310,00
		11	Pflanzkübel, ca. 0,5 m³	*003*	St	**275,00**	136,00 343,00
		12	Pflanzkübel, ca. 1,0 m³	*003*	St	**545,00**	342,00 684,00
		21	Gartenbänke, ortsfest	*003*	St	**500,00**	273,00 684,00
		22	Gartentische, ortsfest	*003*	St	**410,00**	205,00 547,00
		31	Sandkasten, ca. 4 m²	*003*	St	**820,00**	684,00 1.026,00
		32	Schaukelanlage mit zwei Schaukeln	*003*	St	**1.375,00**	1.094,00 1.915,00
		33	Rutschbahn mittlerer Größe	*003*	St	**2.250,00**	1.368,00 2.736,00
	09		**Einbauten in Außenanlagen, sonstiges**				
		01	Beton-Einzelgarage, ca. 3 x 6 m	*919*	St	**5.650,00**	5.213,00 6.465,00
		02	Beton-Eckgarage, ca. 3 x 6 m	*919*	St	**5.050,00**	4.604,00 5.880,00
		03	Beton-Mittelgarage, ca. 3 x 6 m	*919*	St	**4.725,00**	4.258,00 5.589,00

Preisstand III/2017 Index 117,2 (2010 = 100) inkl. MWSt: 19 %

550

DIN	AK	AA	Bauteiltext	LB	Einheit	Mittelpreis EUR	Preisspanne EUR
590	**01**		**Schutz, Trocknung, Prämien nach Voreinschätzung der voraussichtlichen Projektbedingungen**				
		01	Schutz von Personen und Sachen	*918*	pau		
		02	Schlechtwetterbau	*918*	pau		
		03	Künstliche Bautrocknung	*918*	pau		
		11	Vergütung außertarifl. Arbeitszeit	*918*	pau		
		12	Leistungsprämien	*918*	pau		
		13	Grundreinigung	*918*	pau		
		21	Sonstige zusätzliche Maßnahmen	*918*	pau		

DIN	AK	AA	Bauteiltext	LB	Einheit	Mittelpreis EUR	Preisspanne EUR
730	**01**		**Planungs- und Bauleitungskosten von Architekten und Ingenieuren unter Berücksichtigung der HOAI**				
		01	Architektenleistungen	*991*	pau		
		02	Ingenieurleistungen Tragwerksplanung	*992*	pau		
		11	Ingenieurleistungen HWL-Technik	*993*	pau		
		12	Ingenieurleistungen Elektrotechnik	*994*	pau		
		31	Garten- und Landschaftsplanung	*995*	pau		
		41	Sonstige Fachberater	*996*	pau		
	02		**Technische Betreuung als übergeordnete Leistungen der Fachplaner und Ingenieure**				
		01	Baukostenplanungsleistungen	*996*	pau		
		02	Projektsteuerungsleistungen	*996*	pau		
		03	Netzplantechnik	*996*	pau		

DIN	AK	AA	Bauteiltext	LB	Einheit	Mittelpreis EUR	Preisspanne EUR
760	**01**		**Finanzierungskosten bei der Beschaffung der Finanzierungsmittel sowie der Zwischenfinanzierung**				
		01	Disagio	*997*	pau		
		02	Bearbeitungsgebühren	*997*	pau		
		03	Bereitstellungszinsen	*997*	pau		
		04	Kosten für Beleihungsprüfung	*997*	pau		
		11	Vorfinanzierungskosten	*997*	pau		
		12	Zwischenfinanzierungskosten	*997*	pau		
		13	Zinsen während der Bauzeit	*997*	pau		
		14	Steuern/Abgaben während der Bauzeit	*997*	pau		

DIN	AK	AA	Bauteiltext	LB	Einheit	Mittelpreis EUR	Preisspanne EUR
770	**01**		**Behördliche Prüfung und Abnahme bei der Vorbereitung, Planung und Durchführung**				
		01	Gebühren für Vermessung/Einmessung	*998*	pau		
		02	Gebühren für Baugenehmigungen	*998*	pau		
		03	Gebühren für Prüfstatik	*998*	pau		
		04	Gebühren für sonstige Abnahmen	*998*	pau		
	02		**Sonstige Baunebenkosten bei der Vorbereitung, Planung und Durchführung**				
		01	Baustellenbewachung	*999*	pau		
		02	Bewirtschaftung bis Ingebrauchnahme	*999*	pau		
		03	Versicherungen	*999*	pau		
		21	Verschiedene sonstige Baunebenkosten	*999*	pau		

Preisstand III/2017 Index 117,2 (2010 = 100) inkl. MWSt: 19 %

Bauteilkatalog, Altbau-Modernisierung
EGB München und Gruppe Haus- und Stadterneuerung Aachen
Verlag für Wirtschaft und Verwaltung H. Wingen, Essen 1983 und 1985

Bauteilkatalog zur Altbaumodernisierung
Forschungsauftrag des BMBAU BI5–800180–12
EGB München und Gruppe Haus- und Stadterneuerung Aachen,
Schlußbericht vom 15. 9. 1982

Bauteilkosten in ökologisch orientierten Bauten
Heinz Schmitz, Maria Schilling, Maria Cohnen,
Forschungsbericht LBB Aachen,
Band 2.6 – 1989, Aachen 1991

Altbaumodernisierung im Detail
Böhning/Schmitz, Verlagsgesellschaft R. Müller, Köln 1989

Altbaumodernisierung – Konstruktions- und Kostenvergleiche
Heinz Schmitz, Ulli Meisel, Edgar Krings,
Verlagsgesellschaft R. Müller, Köln 1984
(2. überarbeitete Auflage)

Baukosten-Daten
Baukosten-Beratungsdienst der Architektenkammer, Stuttgart

Nachhaltiges Bauen
Bauelemente, Kostenwerte, Ökologische Bewertung
Ullrich Dahlhaus, Ulli Meisel
Verlag für Wirtschaft und Verwaltung H. Wingen, Essen 2008

Baukostenrichtwerte – Anforderungen und Aussagewert
Heinrich, Th. Schmidt
Verlag für Wirtschaft und Verwaltung H. Wingen, Essen 1992

Althausmodernisierung – Praxisbezogene Anleitung
Heinz Schmitz, Ulli Meisel, Robert Fleischmann, Forschungsbericht
Schriftenreihe des Landes NW Band: 3.019 I+II, Dortmund 1981
(2., unveränderte Auflage)

Kostenkontrolle per Computer
Walter Jendges, Artikel in „Deutsche Bauzeitschrift" 3/91

Modernisierungshandbuch für Architekten
Hermann H. Wiechmann, Forschungsbericht Schriftenreihe des BMBAU
Band: 04.064, Bonn 1981

Instandhaltung und Modernisierung des Wohnungsbestandes
Schriftenreihe des Gesamtverbandes Gemeinnütziger Wohnungsunternehmen e.V. Köln, Heft 10, Hamburg 1978

Literaturverzeichnis

Planen und Bauen im Bestand
Heinz Schmitz u.a., Forum-Verlag, Stuttgart 1989

Erhalt von Bauteilen
Heinz Schmitz, Dr. Norbert Stannek, Verlagsgesellschaft R. Müller, Köln 1991

Gebäudeschäden: Kostenwerte für Reparaturen, Wiederherstellung, Bestandspflege
Michael Mayr
Verlag für Wirtschaft und Verwaltung Hubert Wingen, Essen 2008

Gebäudeschäden: Erkennen, Begutachten, Bewerten, Sanieren, Vermeiden
Michael Mayr
Verlag für Wirtschaft und Verwaltung Hubert Wingen, Essen 2012

Energiegerechtes Bauen und Modernisieren
Wuppertal, Institut für Klima, Umwelt, Energie / Planungsbüro Schmitz Aachen GmbH, Birkhäuser Verlag, Basel, 1996

Planungs- und Bauökonomie
Dietrich Alexander Möller, Oldenburg Verlag, München 1993

Arbeitshilfe Kostenermittlung im Wohnungsbau
Ullrich Dahlhaus, Christa Steinberg, Landesinstitut für Bauwesen, Aachen, 2.31 – 1997

Kosten im Hochbau, Untersuchung über Aufwand und Nutzen von Kostenermittlungsverfahren
Hans-Ulrich Ruf, Maria Coeneu, Brigitte Dautzenberg, Landesinstitut für Bauwesen, Aachen, 1.12 – 1990

Wohnflächenberechnung – Wohnflächenverordnung – II. BV – DIN 283 – DIN 277
Gerhard Heix
Verlag für Wirtschaft und Verwaltung Hubert Wingen, Essen 2013 (4. Auflage)

Notizen

Notizen

Kostengruppen nach DIN 276 (Dezember 2008)

Kostengruppen nach DIN 276 (Dezember 2008)

Abwasser-, Wasser-, Gasanlagen 410
Abwasseranlagen 411
Allgemeine Baunebenkosten 770
Architekten- und Ingenieurleistungen 730
Ausgleichsabgaben 240
Außenanlagen 500
Außenfenster und Außentüren 334
Außenstützen 333
Außenwandbekleidungen, außen 335
Außenwandbekleidungen, innen 336
Außenwände 330
Außenwände, elementierte 337
Außenwände, Sonstiges 339

Baugrube 310
Baugrubenherstellung 311
Baugrundstück 100
Baukonstruktion in Außenanlagen 530
Baunebenkosten 700
Baustelleneinrichtung 392
Bauwerk – Technische Anlagen 400
Bauwerk-Baukonstruktion 300
Befestigte Flächen 520
Beleuchtungsanlagen 445

Dachbekleidungen, außen 365
Dachbekleidungen, innen 364
Dachbeläge 363
Dächer 360
Dächer, Sonstiges 369
Dachkonstruktionen 361
Dachöffnungen 362
Decken 350
Decken, Sonstiges 359
Deckenbekleidungen 353
Deckenbeläge 352
Deckenkonstruktion 351

Einbauten in Außenanlagen 550
Elektroinstallationen 441
Erschließen und Herrichten 200

Fernmelde- und informationstechnische Anlagen 450
Finanzierung 760
Flachgründungen 322
Freimachen 130

Geländeflächen 510
Grundstücksnebenkosten 120
Grundstückswert 110
Gründung 320

Herrichten 210
Herrichten und Erschließen 200

Innenstützen 343
Innentüren und Innenfenster 344
Innenwandbekleidungen 345
Innenwände 340
Innenwände, elementierte 346

Lufttechnische Anlagen 430
Lüftungsanlagen 431

Nichtöffentliche Erschließung 230
Nichttragende Außenwände 332
Nichttragende Innenwände 342

Öffentliche Erschließung 220

Raumheizflächen 423

Sonstige Außenanlagen 590
Sonstige Maßnahmen für Baukonstruktionen 390
Starkstromanlagen 440

Tragende Außenwände 331
Tragende Innenwände 341

Unterböden und Bodenplatten 324

Wärmeerzeugungsanlagen 421
Wärmeversorgungsanlagen 420
Wärmeversorgungsanlagen, Sonstiges 429
Wärmeverteilnetze 422
Wasseranlagen 412

100 BAUGRUNDSTÜCK
110 Grundstückswert
120 Grundstücksnebenkosten
130 Freimachen

200 HERRICHTEN UND ERSCHLIESSEN
210 Herrichten
220 Öffentliche Erschließung
230 Nichtöffentliche Erschließung
240 Ausgleichsabgaben

300 BAUWERK-BAUKONSTRUKTION
310 Baugrube
311 Baugrubenherstellung
320 Gründung
322 Flachgründungen
324 Unterböden und Bodenplatten
330 Außenwände
331 Tragende Außenwände
332 Nichttragende Außenwände
333 Außenstützen
334 Außenfenster und Außentüren
335 Außenwandbekleidungen, außen
336 Außenwandbekleidungen, innen
337 Außenwände, elementierte
339 Außenwände, Sonstiges
340 Innenwände
341 Tragende Innenwände
342 Nichttragende Innenwände
343 Innenstützen
344 Innentüren und Innenfenster
345 Innenwandbekleidungen
346 Innenwände, elementierte
350 Decken
351 Deckenkonstruktion
352 Deckenbeläge
353 Deckenbekleidungen
359 Decken, Sonstiges
360 Dächer
361 Dachkonstruktionen
362 Dachöffnungen
363 Dachbeläge
364 Dachbekleidungen, innen
365 Dachbekleidungen, außen
369 Dächer, Sonstiges
390 Sonstige Maßnahmen für Baukonstruktionen
391 Baustelleneinrichtung

400 BAUWERK - TECHNISCHE ANLAGEN
410 Abwasser-, Wasser-, Gasanlagen
411 Abwasseranlagen
412 Wasseranlagen
420 Wärmeversorgungsanlagen
421 Wärmeerzeugungsanlagen
422 Wärmeverteilnetze
423 Raumheizflächen
429 Wärmeversorgungsanlagen, Sonstiges
430 Lufttechnische Anlagen
431 Lüftungsanlagen
440 Starkstromanlagen
441 Elektroinstallationen
445 Beleuchtungsanlagen
450 Fernmelde- und informationstechnische Anlagen
459 Sonstiges

500 AUSSENANLAGEN
510 Geländeflächen
520 Befestigte Flächen
530 Baukonstruktion in Außenanlagen
550 Einbauten in Außenanlagen
590 Sonstige Außenanlagen

700 BAUNEBENKOSTEN
730 Architekten- und Ingenieurleistungen
760 Finanzierung
770 Allgemeine Baunebenkosten